CURIOSANDO!

LO STRAORDINARIO MONDO della SCIENZA

DAN GREEN

DeAGOSTINI

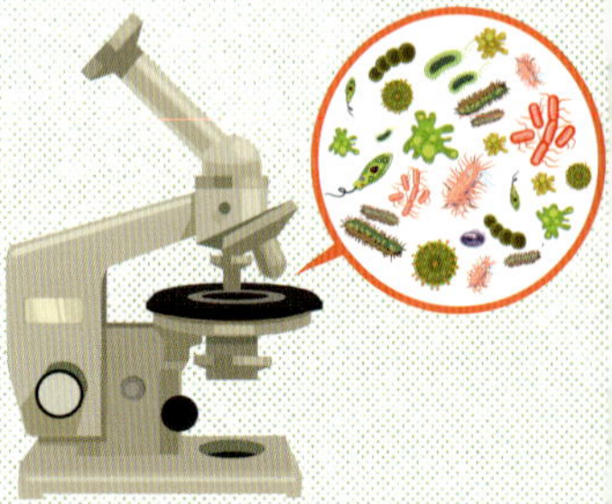

Fabbricante/editore: © 2018 Arcturus Publishing Limited
26/27 Bickels Yard, 151–153 Bermondsey Street, London SE1 3HA
Importatore/editore © 2018 DeA Planeta Libri s.r.l.
Redazione: via Inverigo, 2 – 20151, Milano

www.deaplanetalibri.it

Titolo originale: *Micro Facts: 500 Fantastic Facts About Science*
Traduzione dall'inglese: Valeria Gibilisco
Coordinamento editoriale: Sara Galinetto
Testi: Dan Green
Design: Amy McSimpson @ Hollow Pond
Editor: Clare Hibbert @ Hollow Pond, Paul Virr, and Joe Harris
Illustrazioni: Jake McDonald
Artwork: Shutterstock
Consulenza scientifica: Thomas Canavan

Stampato in Cina da 1010 Printing, 2018

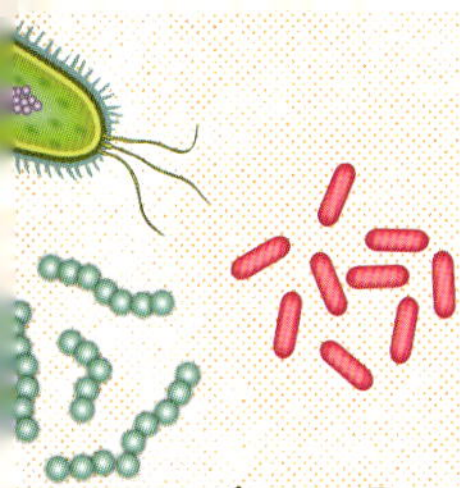

SOMMARIO

LA VITA SULLA TERRA SI BASA SU UN UNICO PROGRAMMA

Il suo linguaggio è il DNA!

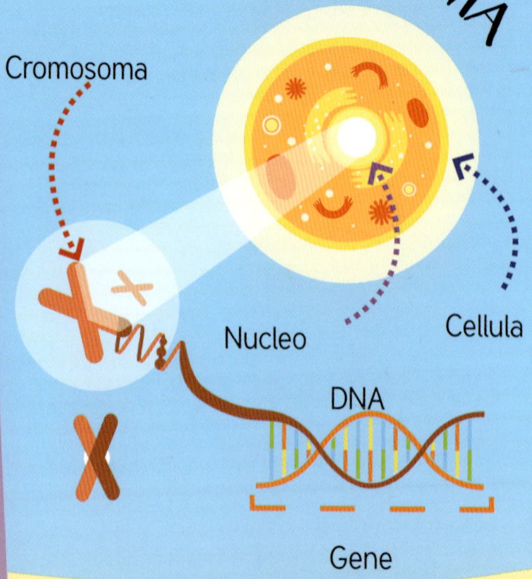

ISTRUZIONI IN CODICE

Il DNA è una lunga molecola a forma di scala a chiocciola. Si trova al centro del nucleo di ogni cellula del corpo. Come il codice di un computer, contiene delle istruzioni, chiamate geni. Questo codice chimico ti tiene in vita e ti aiuta a crescere. Le catene di geni sono chiamate cromosomi.

TANTE COPIE

Anche se non sembra, gli esseri viventi presenti sulla Terra sono straordinariamente simili tra loro. Tutti, infatti, hanno il DNA all'interno delle loro cellule e condividono gran parte del codice genetico.

LA VITA SULLA TERRA SI BASA SU UNA REAZIONE CHIMICA

Le piante vivono - e tengono in vita tutto ciò che esiste - immagazzinando energia dal sole.

FONTE DI VITA

Il Sole è fonte di energia e consente l'esistenza del nostro pianeta. Con un processo chimico chiamato fotosintesi, le piante riescono a produrre energia usando la luce solare. Ci riescono anche altre creature viventi, come il plancton.

PANCIA PIENA!

Le piante assorbono la luce solare per creare delle sostanze zuccherine che alimentano le loro cellule. Gli erbivori mangiano le piante per avere energia; i carnivori si cibano dei "vegetariani"!

Gli esseri viventi che usano così la luce solare sono detti produttori, perché sono in grado, di prodursi il cibo da soli.

Sappiamo davvero poco sulle

CREATURE PIÙ DIFFUSE SULLA TERRA

Il pianeta appartiene ai batteri, piccole creature invisibili!

DOPPIO LAVORO!

Costituiti da una sola cellula, i batteri sono le creature più semplici esistenti sul pianeta. Quelli cattivi causano malattie, rovinano il cibo e corrodono i denti. Ma ne esistono altri che immettono nell'aria l'ossigeno che respiriamo, ci consentono di digerire gli alimenti, aiutano le piante a crescere, e smaltiscono i materiali di scarto.

Una goccia d'acqua salata può contenere fino a un milione di batteri.

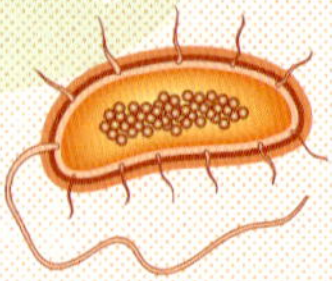

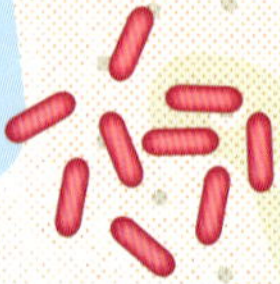

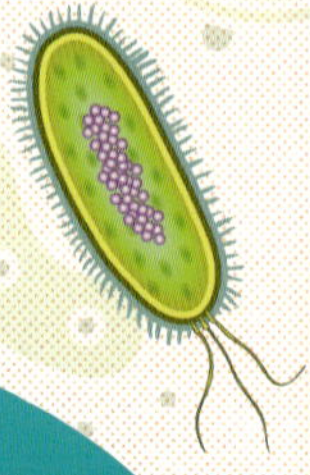

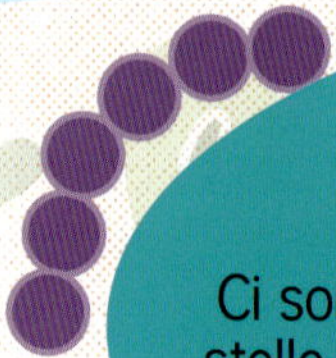

QUANTI MICROBI!

Ci sono 100 milioni di volte in più batteri nel mare che stelle nell'universo. Tuttavia, sappiamo pochissimo della maggior parte di essi.

ALCUNE CREATURE POSSONO VIVERE NEGLI ACIDI

I microbi acidofili vivono nelle sorgenti termali, nelle miniere... e nel tuo stomaco!

Sorgente termale

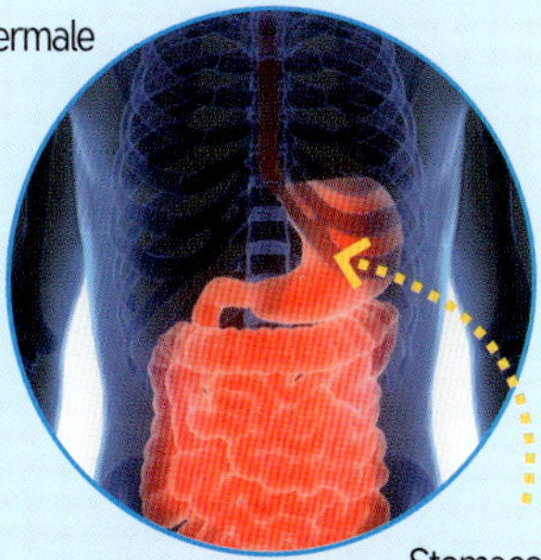

Stomaco

Inquinamento di una miniera

BAGNO CALDO

Il *Picrophilus* detiene il record di resistenza a un acido. Questo batterio sopravvive tranquillamente nell'acqua a 60° C, che può ustionare più dell'acido solforico.

VITA AL LIMITE

Alcuni batteri (estremofili) sopravvivono in situazioni davvero difficili. Possono vivere a temperature caldissime e freddissime, assorbire il sale, le radiazioni pericolose, e persino stare a mollo negli acidi. Gli scienziati credono che siano stati le prime forme di vita sulla Terra, perché in grado di resistere alle primitive ed estreme condizioni ambientali del nostro pianeta.

LA VITA È INIZIATA IN MARE

Nel 1977, gli scienziati hanno trovato delle forme di vita in fondo al mare, dove non arriva la luce.

I batteri esistono da almeno 3,5 miliardi di anni.

DOMANDA PROFONDA

Una delle grandi domande che riguarda il pianeta è: com'è iniziata la vita? Quando è stata scoperta l'esistenza di alcune colonie di organismi viventi vicino alle sorgenti idrotermali oceaniche, alcuni scienziati hanno ipotizzato che la vita sia iniziata proprio lì, lontana dalla luce solare. I batteri potrebbero aver rilasciato dei fluidi lì intorno, dopodiché, creature più grandi, come i vermi tubo, potrebbero essersene nutrite.

PUNTO DI PARTENZA

Sul fondo del mare si trovano sostanze che permettono la vita. I primi organismi viventi sono sopravvissuti proprio perché si trovavano al riparo dai raggi del Sole, prima dannosi.

MIGLIAIA DI NUOVE SPECIE VENGONO SCOPERTE OGNI ANNO

Circa la metà sono insetti!

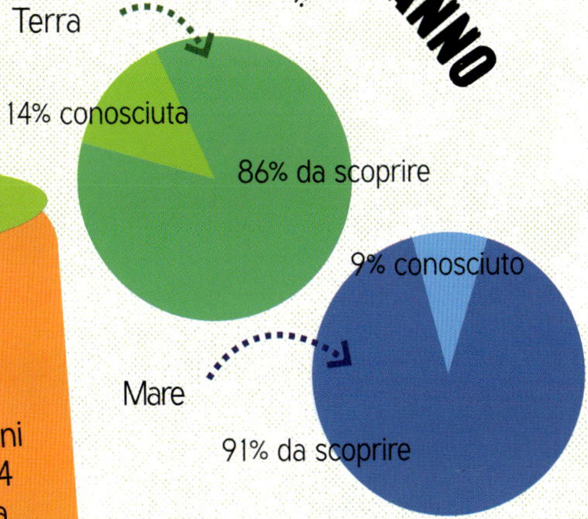

A CACCIA DI VITE

Gli scienziati stimano che sul pianeta ci sia spazio per 8,74 milioni di specie diverse, ma che circa 7,4 milioni di queste siano ancora da scoprire! Vengono individuate più di 15.000 nuove specie ogni anno.

Vecchie e nuove

Non tutte le specie sono state scoperte in natura. Molte sono state trovate nelle collezioni dei musei. Nel 2016, una foto su Facebook ha permesso di identificare una nuova specie di pianta carnivora.

GLI INSETTI SONO 1,5 MILIARDI DI VOLTE PIÙ NUMEROSI DELLE PERSONE

Formiche, scarabei, api, scarafaggi... puoi dirlo: gli insetti dominano il pianeta!

POTERE AGLI INSETTI

Le creature a sei zampe che chiamiamo insetti sono numerosissime: è stato stimato che ce ne siano più di 10 quintilioni (10,000,000,000,000,000,000). Non si può proprio parlare di carenza di insetti! Se mettessimo in fila tutte le piante e gli animali del mondo, avremo un insetto ogni cinque esseri viventi.

Sulla Terra, per ogni persona, ci sono 1,4 milioni di formiche.

IL PESO MASSIMO

L'insetto più pesante del mondo è un grillo gigante. Questo colosso da 70 grammi è tre volte più pesante di un topo.

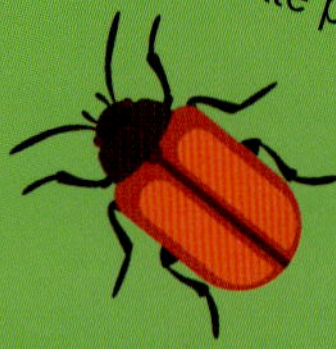

UNA PULCE PUÒ SALTARE ACCELERANDO PIÙ DI UN RAZZO

Questo minuscolo parassita ha delle zampe fortissime!

CHE FORZA!

Quest'insetto decolla così velocemente che è in grado di resistere a una forza di 100 G (in cui G è la costante di gravitazione universale), pari a 100 volte la forza di gravità. In media, su un razzo, quella che sperimentano gli astronauti è pari a 3 G.

SALTA COME UNA PULCE

Tempo impiegato per un salto:
1/1000 secondi

Velocità di salto:
1,9 m al secondo

Lunghezza media di un salto:
7,6 cm

Una pulce, con un salto, può superare di 38 volte la lunghezza del suo corpo. È come se un uomo riuscisse a saltare quattro autobus in fila.

IL FIORE PIÙ GRANDE DEL MONDO

ODORA DI CARNE PUTREFATTA!

La "pianta cadavere" non ha un buon odore, ma compensa con le dimensioni.

UN MEGAFIORE

La pianta di aro titano ha un fiore davvero bizzarro, Alto 3 m, sembra un dito rugoso che spunta fuori da un pirottino di carta. Per essere più precisi, però, è l'insieme di più fiori attaccati a un unico grande stelo.

PERCHÉ PUZZA?

L'odore di carne putrefatta è poco piacevole per noi umani, ma attrae scarabei stercorari e sciami di mosche. Sono loro che trasportano il polline dell'aro titano!

VERZE, CAVOLINI DI BRUXELLES E CAVOLFIORI

SONO LA STESSA PIANTA

Scopri i segreti di una delle verdure più versatili al mondo.

UGUALE E DIVERSA

La *Brassica oleracea* appartiene alla stessa famiglia della senape. Per centinaia di anni, i contadini hanno coltivato questa specie di verdura, creandone mezza dozzina di versioni diverse.

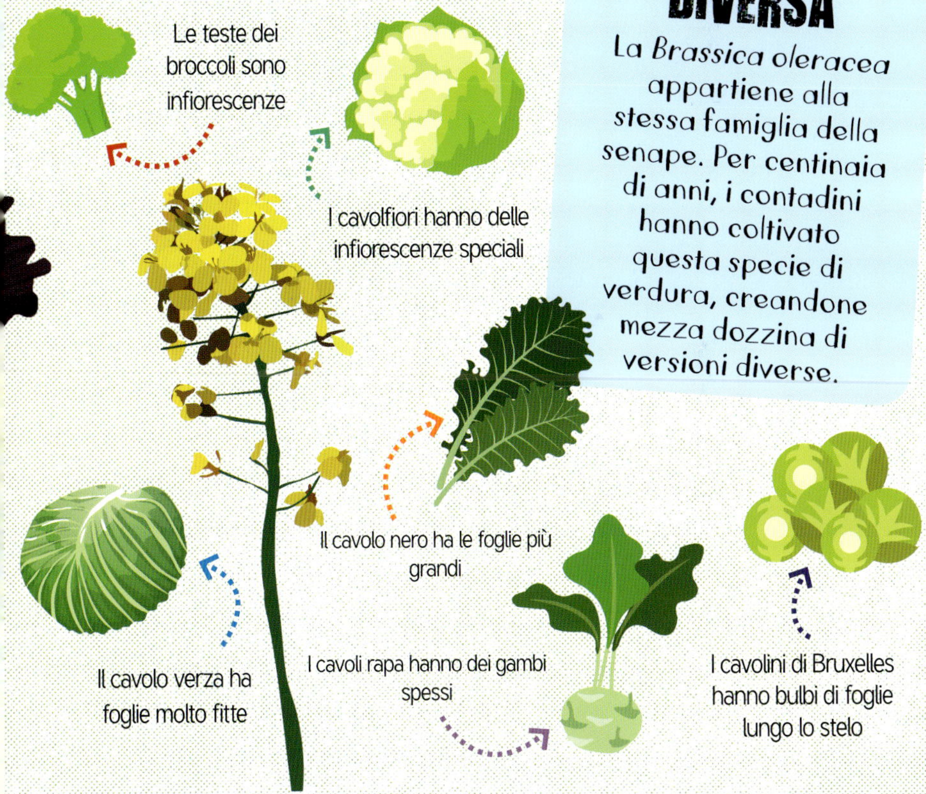

Il 95% degli alimenti vegetali VIENE DA 30 SOLE SPECIE DI COLTURE

L'alimentazione umana è sorprendentemente limitata!

MANGIA VERDE!

I vegetali costituiscono più dei quattro quinti della nostra dieta, ma ne mangiamo solo 30 specie. I due terzi del nostro fabbisogno energetico sono coperti da cinque cereali: riso, grano, mais, miglio e sorgo.

UNA POSIZIONE PERICOLOSA

L'uomo ha sempre preferito colture che avessero grandi rese, ma su aree molto ristrette. Questa pratica ha fatto sì che le nostre derrate alimentari diventassero vulnerabili ai cambiamenti climatici.

DIVERSIFICA!

Se sei in vena di provare qualcosa di nuovo, sappi che esistono circa 30.000 specie di piante commestibili.

SETTANTAMILA

SPECIE DI PIANTE SONO USATE COME MEDICINALI

Tutte le piante sono utili per curare e alleviare malattie e problemi di salute.

Radici, germogli e foglie

I rimedi erboristici vengono ricavati direttamente dalle piante. Questi prodotti naturali sono sfruttati dalla medicina tradizionale per curare alcuni disturbi comuni. Le foglie di menta piperita, per esempio, attenuano i dolori di stomaco.

Tè alla menta

Un quarto degli ingredienti usati per realizzare i nostri farmaci proviene dalle piante della foresta pluviale.

MEDICINALI COPIA

I farmaci di oggi sono composti inorganici creati in laboratorio. Molti di essi "copiano" le sostanze naturali. Il medicinale usato per il mal di testa contiene un principio attivo scoperto per la prima volta nella corteccia di salice!

VITA PLUVIALE

Una foresta si dice pluviale se è interessata da circa 250 cm di pioggia all'anno – a volte il doppio.

La foresta amazzonica produce ogni anno un quinto dell'ossigeno terrestre.

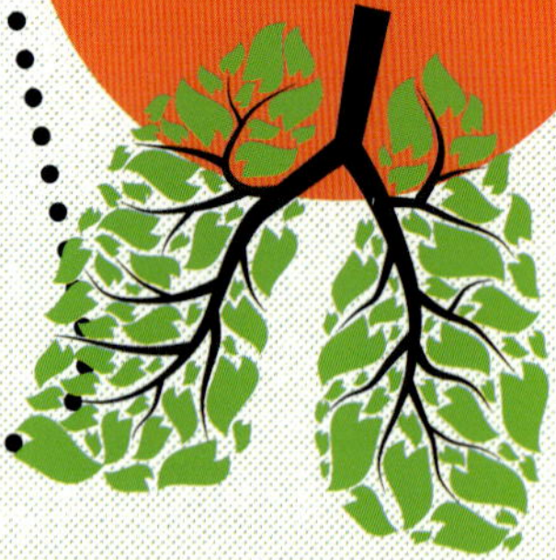

La foresta amazzonica è la più grande foresta pluviale tropicale al mondo.

Ogni giorno vengono distrutte aree di foresta pluviale tropicale più grandi di 45.000 campi da calcio.

Nella foresta amazzonica ci sono circa 400 miliardi di alberi.

Le foreste pluviali tropicali dell'America Latina sono abitate da alcuni primati dalla voce altissima: le scimmie urlatrici, emettono un verso udibile a 5 km di lontananza!

Solo l'1% delle piante della foresta pluviale è stato studiato per uso medico.

Le foreste pluviali occupano il 6% della supeficie del pianeta, ma contengono la metà delle specie viventi del mondo.

Un enorme numero di prodotti viene dalle foreste pluviali: banane, avocado, caffè, olio di palma, cacao, vaniglia... per non parlare dei legni tropicali.

I germogli di bambù gigante crescono più di 22 cm al giorno.

NON TUTTE LE FORESTE PLUVIALI SONO TROPICALI

Le più grandi e famose foreste pluviali del mondo sono ai tropici, ma forse non si sa che, nelle regioni più fredde, si trovano le foreste umide.

VIA, PIOGGIA, VIA!

Esistono due tipi di foresta pluviale: la tropicale e la temperata. Entrambe sono umide, ma la foresta pluviale temperata è calda solo nei mesi estivi. Durante l'inverno è fredda. Ciò significa che vi crescono diversi tipi d'albero.

Tra le nuvole

Le foreste nebulose si trovano sulle cime delle catene montuose. Sono avvolte permanentemente dalle nuvole, muschiose e bagnate dalla nebbia. Nonostante siano fredde a causa dell'altitudine, si possono trovare sia nelle regioni tropicali sia in quelle temperate.

LA PIÙ GRANDE CREATURA VIVENTE AL MONDO È UN FUNGO

Le balenottere azzurre non sono niente rispetto al fungo parassita americano.

UN FUNGO MOSTRUOSO

L'essere vivente più grande del pianeta è un fungo Armillaria. Si trova nelle Montagne Blu dell'Oregon ed è largo 3,8 km! Quando questa creatura viene in contatto con altri funghi geneticamente identici, li assorbe.

Escrescenze color ocra che si intravedono sul terreno sono solo la punta di questo enorme fungo. Gran parte del suo corpo si trova sottoterra, e si allarga in una rete di fili e tubi.

A quanto pare, questo tipo di fungo è delizioso sugli spaghetti!

LA SEQUOIA DELLA CALIFORNIA È

LA CREATURA VIVENTE PIÙ ALTA

Il Nord della California è l'habitat dei più stupefacenti alberi del mondo.

PUNTARE AL CIELO

L'albero più alto del mondo si chiama Hyperion. Raggiunge i 115.7 m, cioè 21 m in più della Statua della Libertà!

GIGANTE

La sequoia ha un diametro di 7 m alla base del tronco. Le sequoie giganti, invece, non sono molto alte, ma hanno un tronco largo. La sequoia chiamata "Generale Sherman" è alta 84 m, ma ha un diametro di 31 m.

RAMI COLOSSALI

Il peso di un Hyperion è di circa 725,700 kg, cioé oltre tre volte una balenottera azzurra.

GLI ALBERI SONO MORTI AL 99%

Una parte consistente del corpo di un albero non ha cellule vive.

GERMOGLI VERDI

Nonostante un albero sia un essere vivente, non tutte le sue cellule fanno ciò che ci si aspetta dalle cellule vive, cioè trasformazioni chimiche. In un albero adulto, le cellule vive si trovano solo in foglie, boccioli, radici e, in numero ristretto, sotto la corteccia.

CRESCITA COSTANTE!

Un giovane alberello è forte e le sue cellule si sviluppano freneticamente. Un albero maturo, invece, ha una crescita più lenta. Alcune cellule servono per farlo crescere dritto, mentre altre più superficiali, proteggono le cellule più giovani.

IL GINGKO
ESISTE DA MILIONI DI ANNI

I dinosauri vagavano tra le foreste di gingko!

FOSSILE VIVENTE

Il gingko è rimasto pressoché identico per più di 200 milioni di anni. Le foglie di quest'albero, fossilizzate nelle roccie sedimentarie, risalgono all'Era Permiana, poco prima dell'avvento dei dinosauri. Il Gingko, oggi, non è imparentato con nessuna specie vivente.

Le bacche di Gingko puzzano di vomito!

Super resistente

Essendo sopravvissuto così a lungo, non stupisce che il gingko sia una pianta molto resistente. Cresce spesso lungo le strade delle città.

L'ESSERE VIVENTE PIÙ VECCHIO È IL PINO DAI CONI SETOLOSI

L'organismo più longevo del pianeta era vecchio già nell'epoca in cui gli antichi Egizi costruivano le piramidi.

I PIÙ ANZIANI

Fico sacro
Paese: Sri Lanka
Età: Circa 2.222 anni

Cipresso della Patagonia
Paese: Cile
Età: 3.627 anni

Pino dai coni setolosi del Gran Bacino
Paese: USA
Età: 5.067 anni

TOP SECRET

Il luogo in cui si trova questo pino è segreto per evitare l'assedio dei turisti.

ALCUNI ANIMALI VIVONO PER SECOLI

Il record di vecchiaia è stato registrato da un mollusco: la vongola oceanica.

ECCO "MING"!

Questa vongola vive nel Nord dell'Atlantico e raggiunge i 5 cm di grandezza. Nessuno sa esattamente quanto possa essere longeva, ma l'esemplare soprannominato Ming ha vissuto per 507 anni!

Una tartaruga chiamata Tu'i Malila ha vissuto 189 anni. Le tartarughe, però, possono vivere anche più a lungo!

- ✓ Il riccio di mare rosso può vivere più di 200 anni.
- ✓ La balena artica può vivere più di 200 anni.
- ✓ Un esemplare di squalo della Groenlandia ha vissuto più di 400 anni.

Barriera corallina: LA PIÙ GRANDE STRUTTURA DI ESSERI VIVENTI DEL MONDO

La Grande Barriera corallina australiana ricopre un'area più estesa dell'Italia. Può essere osservata persino dallo spazio!

PARADISO MARINO

La Grande Barriera Corallina è una delle meraviglie del mondo. Si estende per 2.300 km lungo la costa nord-orientale dell'Australia, contiene più di 3.000 esemplari di coralli ed è l'habitat di un decimo delle specie marine esistenti sul pianeta.

La barriera è minacciata dallo "sbiancamento del corallo", un fenomeno che causa la perdita di colore e la morte dei coralli.

LA VITA DEGLI OCEANI

Circa tre quarti della superficie terrestre è occupata dagli oceani.

Il plancton presente negli oceani produce la maggior parte dell'ossigeno della nostra atmosfera.

Quando la Luna orbita intorno alla Terra, la sua forza di gravità ha effetto sul mare e provoca le maree.

Tutti i principali Oceani della Terra sono collegati tra loro. Il più grande è l'Oceano Pacifico.

Le onde sono causate dal vento che soffia sull'acqua.

La Baia di Fundy si trova in Nord America, tra il Nuovo Brunswick e la Nuova Scozia ed è nota per le variazioni delle sue maree. Qui il livello del mare può salire e scendere di 16,3 m.

La catena montuosa più lunga del mondo si estende per 65.000 km in mezzo agli oceani.

Il nome dell'Oceano Pacifico fu scelto da Magellano, il quale, navigandolo per la prima volta, lo trovò estremamente calmo.

Ci sono 20 milioni di tonnellate d'oro disciolte nell'oceano.

Si stima che ci siano circa 3 milioni di relitti sul fondo degli oceani.

QUASI TUTTE LE CREATURE VIVENTI DELLA TERRA SONO NEGLI OCEANI

La vita è iniziata negli oceani e lì è rimasta!

VITA MERAVIGLIOSA

Gli scienziati dicono che il mare costituisca il 99% dello spazio abitabile della Terra. Quindi non è una sorpresa sapere che il 94% degli organismi viventi sia lì. È strabiliante pensare, invece, che ne conosciamo solo una piccola parte.

TI GUARDANO!

Gli occhi più grandi del mondo appartengono a un calamaro gigante. Hanno le dimensioni della testa di un uomo!

I cavallucci marini maschi sono gli unici animali che possono essere gravidi.

IL MARE PUÒ BRILLARE!

Gli antichi marinai lo chiamavano "l'incendio del mare"-strane luci blu appaiono nella notte dove il mare è mosso.

BIZZARRE BIOLUMINESCENZE

Molte creature marine emanano luce, ma il plancton è quello che produce l'effetto più strano. Minuscoli puntini brillanti fanno sembrare il mare pieno di stelle. Gli scienziati ritengono che si tratti di segnali d'allarme, atti ad avvisare i grandi animali marini della presenza di predatori di plancton. Gli animali più grandi possono così andare a caccia dei "nemici" del plancton.

Oltre quattro quinti degli animali marini sono in grado di emettere luce.

Il termine scientifico usato per indicare questo fenomeno è bioluminescenza.

L'ANIMALE PIÙ LETALE DELL'OCEANO È IL POLPO DAGLI ANELLI BLU

Una bestiola carina con otto tentacoli e con il corpo cosparso di anelli blu è una delle creature più velenose sulla Terra!

PICCOLO, MA...

Poco più grande di una matita, dalla testa alla punta dei tentacoli, il polpo dagli anelli blu produce uno dei veleni più potenti al mondo. Un morso del suo becco a punta può causare subito torpore delle labbra e vomito. Poi i muscoli iniziano a muoversi a fatica, respirare diventa impossibile e la morte arriva dopo circa sei ore... a meno che non si assuma un antidoto!

PERICOLO!

Se il polpo si sente infastidito, gli anelli che ricoprono il suo corpo e i suoi tentacoli si illuminano. Meglio darsela a gambe!

L'ANIMALE PIÙ VELOCE DELL'OCEANO
È IL MARLIN NERO

È difficile misurare la velocità dei pesci. Di solito, si valuta quanto velocemente un pesce tira il filo del mulinello di una canna da pesca. Questa misurazione, però, è viziata dalla velocità della barca e dalla direzione delle correnti marine.

IL PESCE PIÙ RAPIDO

Il marlin nero è il campione di velocità del mare: ha registrato un record di 129 km/h nello srotolare il filo di un mulinello.

SUPER NUOTATORE

Tutti i pesci hanno corpi idrodinamici, ma il marlin ha un corpo a forma di proiettile e una spada sulla testa che gli permette di "fendere" l'acqua. Le pinne curve della coda gli consentono anche un'accelerazione turbo.

NELL'ACQUA MOLTO FREDDA SI FORMANO I GHIACCIOLI SALATI

Strane stalattiti di ghiaccio chiamate "brinicle" avanzano nelle acque gelide di Artide e Antartide uccidendo ciò che trovano sul loro cammino. Ecco che cosa succede:

1 Le temperature polari si aggirano intorno ai -20 °C, ma l'acqua del mare si trova a -1,9 °C. Il calore si muove dall'acqua più calda verso l'aria. Si formano degli strati di ghiaccio sul mare.

2 Il sale viene respinto dal ghiaccio in quanto cristallo. La brina salata penetra tra le fessure del ghiaccio marino.

3 Poi, affondando, la brina densa va sul fondo, sotto il punto di congelamento dell'acqua di mare, poiché è così piena di sale che può congelarsi solo a una temperatura più bassa.

4 L'acqua del mare, attraversata dalla brina si ghiaccia istantaneamente e il freddo uccide tutte le creature che si trovano nei dintorni.

L'OCEANO È PIENO DI SUONI STRANI

Getta un idrofono (un microfono subacqueo) in mare e ascolterai suoni davvero inquietanti.

RUMORE NON IDENTIFICATO

I suoni prodotti dall'oceano hanno nomi inusuali. Fu chiamato "Bloop" un suono potente, di frequenza ultrabassa, captato nel 1997 in una stazione che si trovava a migliaia di chilometri di distanza. Fu causato da un terremoto sottomarino, da un'eruzione vulcanica o forse da un iceberg; se la sua fonte fosse stata un animale, esso sarebbe stato più grande di una balena!

CANZONE SOTTOMARINA

Il canto della balenottera azzurra è il suono più forte emesso da un animale.
Con i suoi 188 dB, questo assolo può essere udito a 800 km di distanza.

NEL PROFONDO DEL MARE

In media, l'oceano è profondo 3.7 km: cioè otto Empire State Building posti uno sopra l'altro!

Il punto più profondo dell'oceano è il Challenger Deep, 300 km a sud-est di Guam, nell'Oceano Pacifico.

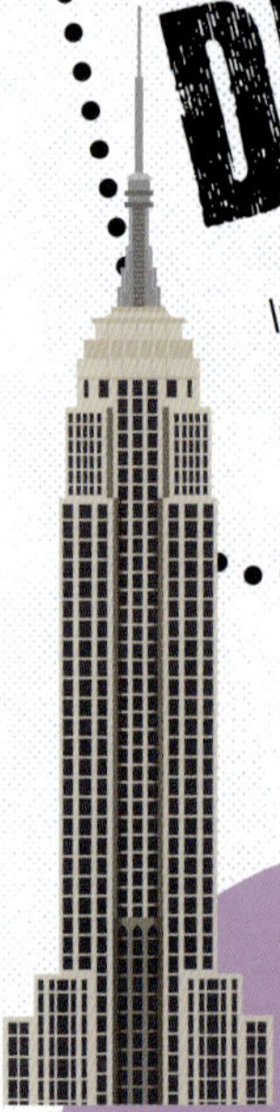

Il Monte Everest (8848 m) potrebbe entrare nella Fossa delle Marianne, e avanzerebbe oltre un chilometro di spazio.

Il Challenger Deep è profondo 11.030 m, cioè l'altezza di 25 Empire State Building.

Il calamaro gigante può raggiungere le dimensioni di un autobus a due piani.

Si sa di più sulla superficie della Luna che sui fondali dell'oceano.

Squalo folletto

Lofiforme

Sottacqua la luce non penetra oltre 1 km di profondità. Nelle zone più profonde è buio pesto.

Gli animali che vivono in fondo all'oceano sopportano la pressione di 1 tonnellata per ogni centimetro quadrato del loro corpo.

Nei fondali, la temperatura dell'oceano è di 0-3 °C.

Misteriosi "fiumi" sottomarini trasportano sabbia e limo lungo i fondali.

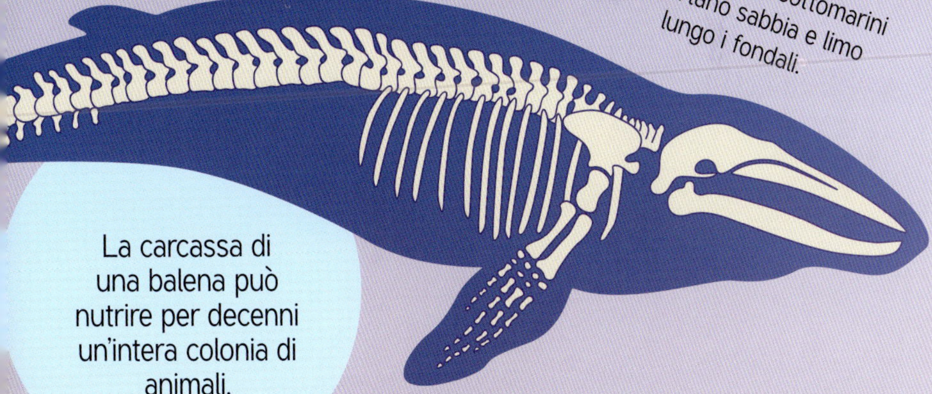

La carcassa di una balena può nutrire per decenni un'intera colonia di animali.

IL PIÙ GRANDE PREDATORE MAI ESISTITO NON ERA UN DINOSAURO

Il liopleurodonte gigante era un mostro marino preistorico.

CHE TESTONE!

Il liopleurodonte è un rettile marino gigante vissuto nell'era dei dinosauri. Con i denti storti e il collo corto, usava le sue possenti pinne per nuotare velocemente. Come gli squali di oggi, il liopleurodonte era un superpredatore, quindi, non temeva nessuno nella catena alimentare.

LIOPLEURODONTE LA SCHEDA

Taglia: 5-7 m di lunghezza

Dieta: Pesci e rettili marini

Vita: Tra il Medio e il Tardo Giurassico 160-155 milioni di anni fa

I denti del liopleurodonte (46 cm) erano più lunghi di un coltello per il pane.

Lo squalo preistorico aveva I DENTI SIMILI A UNA MOTOSEGA

La creatura marina più strana del mondo è vissuta nel periodo Permiano, 270 milioni di anni fa.

LA SEGA CIRCOLARE

Strano e dall'aspetto aggressivo, l'elicoprione è un pesce ormai estinto, dotato di una ruota dentata sulla bocca. Gli studiosi dei dinosauri ritengono che questa "sega" fosse attaccata alla mandibola inferiore, ma non sanno spiegare come la usasse!

Calamarata

La sega circolare dell'elicoprione poteva essere perfetta per tagliuzzare molluschi come polpi e calamari.

Il termine elicoprione viene dal greco e significa "sega a spirale".

IL GESSO È FATTO DI BILIONI DI MICROFOSSILI

Le famose scogliere bianche di Inghilterra, Francia e Danimarca sono costituite da mini-fossili invisibili all'occhio dell'uomo!

Gran parte del gesso esistente ora si è formato e depositato nel periodo Createaceo, 100-60 milioni di anni fa.

FINE... FANGOSA

Il gesso non è che fango finissimo depositatosi sul letto del mare. Questa melma appiccicaticcia è composta da microscopici resti di plancton sprofondati negli abissi alla fine della loro vita.

ECCO ALCUNI DEI MICROFOSSILI CHE SI TROVANO NEL GESSO:

- Foraminiferi
- Ostracodi
- Diatomee
- Dinoflagellate
- Coccoliti
- Radiolari

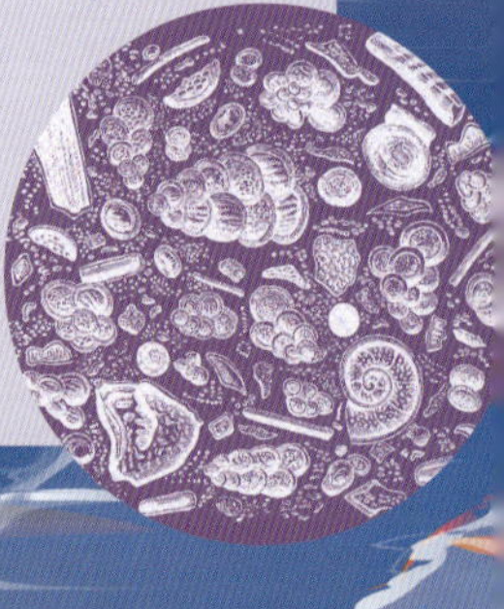

L'INSETTO PIÙ GRANDE MAI ESISTITO AVEVA L'APERTURA ALARE DI UN UCCELLO

Fortunatamente, questo parassita preistorico è vissuto 300 milioni di anni fa!

Meganeura

UNA LIBELLULA GIGANTE

Da un'ala all'altra, la meganeura misurava circa 65 cm. In pratica, aveva le stesse dimensioni di un piccione! Come le libellule, deponeva le uova nell'acqua ed è probabile che trascorresse a mollo gran parte della sua vita, con le sembianze di larva.

Insetti XXL

Nel periodo Carbonifero, gli alti livelli di ossigeno nell'aria causarono l'aumento delle dimensioni degli insetti. Tra i più spaventosi c'era un millepiedi di 2,3 m! Era più lungo di un letto!

Il cervello dello stegosauro non era PIÙ GRANDE DI UNA NOCE

Lo stegosauro aveva delle punte enormi sulla coda, ma un cervello piuttosto piccolo.

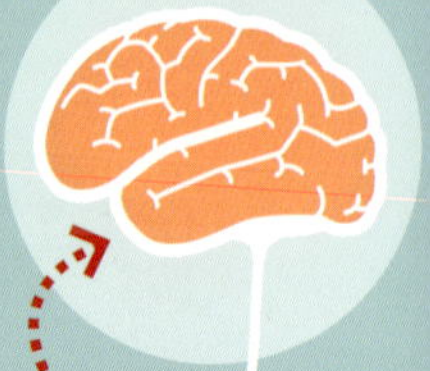

Cervello

Noce

DINO-SCIOCCO?

Molti dinosauri avevano il cervello piccolo perché gran parte del loro scheletro era occupata da muscoli possenti atti alla masticazione. Lo stegosauro aveva il cervello piccolo come una noce e della forma di una salsiccia.

Stegosauro significa "lucertola tetto". Le piastre cornee che aveva sul dorso erano simili a tegole.

Lo stegosauro visse durante il periodo tardo Giurassico, circa 155-150 milioni di anni fa.

GLI ANTENATI DEI VERTEBRATI ERANO SIMILI AI VERMI

I vertebrati sono animali dotati di colonna vertebrale. Questo gruppo include pesci, rettili, mammiferi e uccelli.

LARVE NUOTATRICI

L'evoluzione dei vertebrati avvenne durante il periodo Cambriano, circa 500 milioni di anni fa, in ambiente marino. I primi animali di questo tipo avevano un aspetto simile a quello dei vermi. Queste larve, più piccole di una graffetta, nuotavano libere negli oceani. Non erano di certo come noi, ma, come tutti i vertebrati, avevano corpi simmetrici e muscoli attaccati alla spina dorsale che permettevano loro di muoversi.

Myllokunmingia

Cathaymyrus

Esiste oggigiorno un animale molto simile a questi antichi antenati: l'anfiosso, che vive semi-sommerso sotto la sabbia del letto dei fiumi.

I DINOSAURI NON SONO ESTINTI

Credevi che i dinosauri si fossero estinti 65 milioni di ann fa? Be', sono ancora tra noi. Li chiamiamo uccelli!

I DINO-UCCELLI

I mostri preistorici che abbiamo conosciuto al cinema dovrebbero essere estinti... ma, invece, gli uccelli sono vivi e vegeti! Essi sono diretti discendenti dei dinosauri. Le grosse belve scomparvero 65 milioni di anni fa, quando un asteroide colpì la Terra; gli uccelli, invece, sono ancora tra noi.

CIP-CIP-SAURO

È facile ritrovare le caratteristiche tipiche di un uccello in un dinosauro. I dinosauri, dal tirannosauro all'archaeopteryx, avevano ossa a forchetta. Il loro bacino era rivolto all'indietro, come quello degli uccelli, e alcuni avevano le piume, nonostante fossero troppo pesanti per volare.

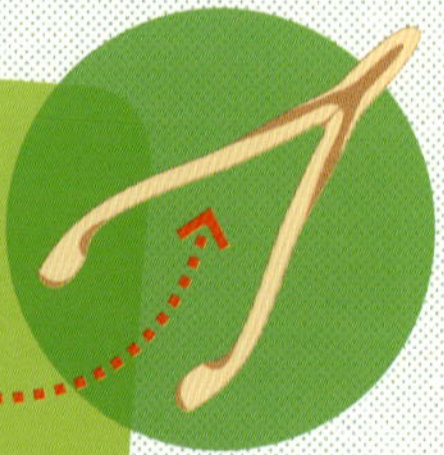

I DENTI DELLO SMILODONTE
ERANO ENORMI, MA PIUTTOSTO DEBOLI

I denti a sciabola di questo felino erano terrificanti, ma difficili da usare.

Oggi, i grandi felini soffocano le prede stringendo loro il collo tra le mascelle. I muscoli della mandibola dello smilodonte, invece, non erano abbastanza forti per questo tipo di attacco. Per annientare bufali, cavalli o megateri, dunque, questo cacciatore usava le zampe anteriori, mentre si serviva dei denti per infliggere alle sue prede un unico colpo di grazia alla gola, rapido e fatale.

I canini di questo felino dai denti a sciabola erano lunghi 20 cm.

A BOCCA SPALANCATA

Per far passare qualunque cibo attraverso i suoi denti, lo smilodonte doveva sempre spalancare la bocca.

VITA GLACIALE

Ci sono state almeno cinque ere glaciali significative nella storia della Terra.

Nell'era glaciale più recente, neve e ghiacci perenni ricoprirono gran parte del pianeta.

L'ultima era glaciale è durata circa 100.000 anni, tra 110.000 e 12.000 anni fa.

Il più grande mammifero di terra mai esistito è il Paraceratherium, un rinoceronte senza corno di 20 tonnellate.

Le zanne di un mammut lanoso erano lunghe circa 2.7 m e pesavano circa 45 kg – più o meno quanto quattro lingotti d'oro!

Mammut lanoso

Gli animali di grossa taglia trattengono meglio il calore del corpo rispetto ai più piccoli. Resistono di più al freddo!

I canis dirus erano grossi lupi. I corpi di alcuni di questi esemplari sono stati trovati in California intrappolati in pozzi di catrame.

I corpi di molti mammut lanosi sono stati trovati intatti in alcuni permafrost.

Gli scienziati puntano a riportare in vita i mammut impiantando il loro DNA nell'embrione di un elefante.

I rinoceronti dell'Era Glaciale avevano un unico corno piatto e largo adatto a spalare la neve.

Nell'era glaciale hanno vissuto molti animali giganti: la cosiddetta megafauna.

GLI ESSERI UMANI NON SONO L'EVOLUZIONE DEGLI SCIMPANZÉ

Ma i nostri alberi genealogici hanno molto in comune!

MENO PELOSI, PIÙ INTELLIGENTI

Gli esseri umani sono primati, proprio come gli scimpanzé. I nostri corpi hanno caratteristiche simili perché abbiamo un antenato comune. Visse tre milioni di anni fa e non era né un uomo, né una scimmia. Entrambe le nostre specie si sono evolute partendo da quest'avo peloso, dalle braccia lunghe e dal cervello piccolo, noi umani, però – glabri, con le braccia corte e il cervello grande – ci siamo differenziati di più.

Il DNA di uomini e scimpanzé coincide per il 98,8%!

L'UOMO HA UN MEGA-CERVELLO

È incredibilmente grande rispetto al corpo.

UOMINI
Numero di cellule cerebrali: 16,3 miliardi

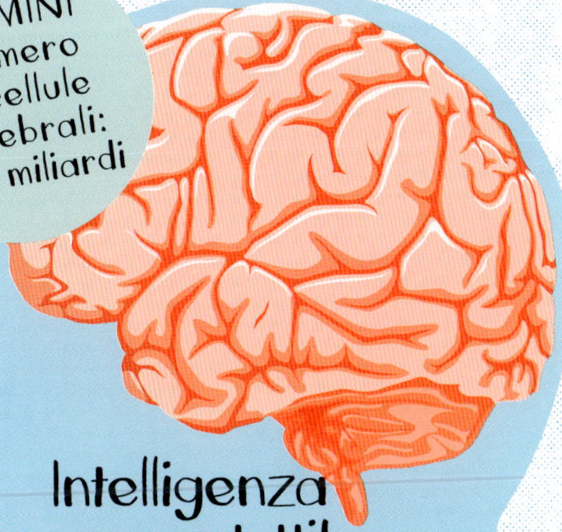

SUPER CERVELLI

Circa 2,5 milioni di anni fa i nostri antenati avevano cervelli più grandi dei nostri, con una capacità di 0,6-1 l – come dimostrano i loro resti. Questa caratteristica permise loro di migliorare in intelligenza.

Intelligenza non per tutti!

L'intelligenza non dipende solo dalle dimensioni del cervello. Gli elefanti e le balene hanno cervelli molto più grandi di quelli umani, ma meno cellule cerebrali nella parte pensante.

ELEFANTI
Numero di cellule cerebrali: 5,59 miliardi.

POTRESTI ESSERE UN **MEZZO-NEANDERTHAL**

60.000 anni fa, vissero tre specie umane: il Neanderthal, il Denisova e l'uomo moderno. Oggi ne esiste una sola: l'Homo sapiens. Molti di noi, però, hanno ancora i geni dei nostri forzuti e muscolosi cugini dalla mascella quadrata, gli uomini di Neanderthal!

*Come puoi capire se sei un mezzo-Neanderthal?**

*Il solo modo per sapere se hai il DNA dei Neanderthal è un test del DNA!

ANTICHI PROGENITORI

Gli europei e gli asiatici hanno circa l'1-4% di DNA dell'uomo di Neanderthal. Gli Africani niente.

L'UOMO VISSUTO PIÙ A LUNGO AVEVA 122 ANNI

In media, gli uomini vivono 71 anni e mezzo, ma alcune persone si spingono molto più in là!

L'UOMO PIÙ VECCHIO

Jeanne Calment ha vissuto la vita più lunga di ogni altro essere umano. L'ultracentenario Francese è nato nel 1875 ed è morto nel 1997, a 122 anni e 164 giorni.

PAESI LONGEVI

Con la durata della vita che si allunga e il tasso di natalità che si accorcia, alcuni Stati del mondo stanno diventando sempre più vecchi. In Giappone, negli ultimi 40 anni, gli ultrasessantenni sono quadruplicati.

CI SONO PIÙ DI 7 MILIARDI DI PERSONE SULLA TERRA

Poco più di 100 anni fa, sul pianeta c'erano solo un miliardo di persone. Oggi sono circa 7.6 miliardi e, entro il 2024, la popolazione toccherà gli 8 miliardi.

ECCO LA DISTRIBUZIONE DELLA GENTE*:

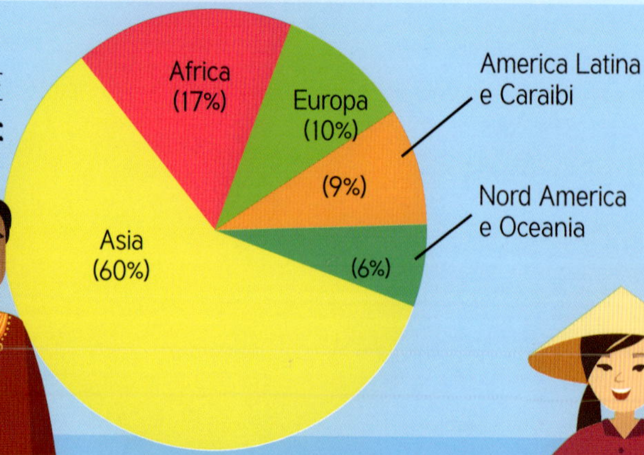

GRANDI POPOLAZIONI

Il paese più popolato è la Cina. Ci vivono ben 1,4 miliardi di persone. L'India si piazza al secondo posto con 1,3 miliardi di persone.

*La somma dei numeri di questo grafico dà più di 100% a causa dell'arrotondamento.

CI SONO **PIÙ BAMBINI** CHE MAI SULLA TERRA

Nel mondo ci sono più di 1,8 miliardi di giovani di età compresa tra i 10 e i 24 anni.

LARGO AI GIOVANI

Rispetto a 60 anni fa, le donne partoriscono meno bambini, ma questi nuovi nati hanno più possibilità di sopravvivere e diventare adulti. La popolazione cresce comunque!

Il Niger, in Africa, ha la popolazione più giovane al mondo.

Nascono 250 bambini al minuto!

Tutti gli uomini del pianeta POTREBBERO STARE IN UNA CITTÀ

SOLO UN PO' PRESSATI

Tutta la popolazione del mondo potrebbe stare nella città di Los Angeles. Immagina: 7,6 miliardi di persone schiacciate in 1,300 km^2. Non ci sarebbe alcun modo di guardare oltre il proprio naso.

UN PASSO OLTRE

Perché fermarsi qui? Negli atomi del nostro corpo c'é tanto spazio vuoto. Se ci fosse un modo per eliminarlo e permettere a una persona di occupare il minor volume possibile... l'intera razza umana potrebbe stare in una zolletta di zucchero!

OLTRE LA METÀ DEGLI UOMINI DEL PIANETA VIVE NELLE CITTÀ

10 delle 20 città al mondo cresciute più velocemente negli ultimi anni si trovano in Cina.

Il quartiere Yokohama di Tokyo, in Giappone, è la più grande area urbana del mondo. Ci vivono 37 milioni di persone.

MEGALOPOLI

Le città occupano solo una piccola parte delle aree abitabili della Terra, ma più della metà di noi vive in una di queste. Un uomo su cinque abita in una città con una popolazione di più di 1 milione di abitanti. Ci sono più di 30 megalopoli abitate da oltre 10 milioni di persone.

La città cinese di Macao è la più affollata al mondo, con circa 20,500 persone per km².

IL SISTEMA SOLARE HA 4,6 MILIARDI DI ANNI

Il Sole e i pianeti che gli orbitano intorno sono vecchissimi. Gli scienziati ritengono che siano nati dall'esplosione di una stella.

COME NASCE UN SISTEMA SOLARE

1 Mentre una nuvola di polvere fluttua nello spazio, può verificarsi lì vicino un'enorme esplosione (quella di una stella).

2 L'interno della nuvola, allora, collassa e diventa sempre più denso.

3 Quando tutte le componenti della nuvola sono ben schiacciate tra loro, ha inizio una fusione nucleare da cui nasce una stella.

4 La nuova stella è circondata da un anello rotante di detriti, da cui si formano i pianeti, che vanno a costituire un Sistema solare.

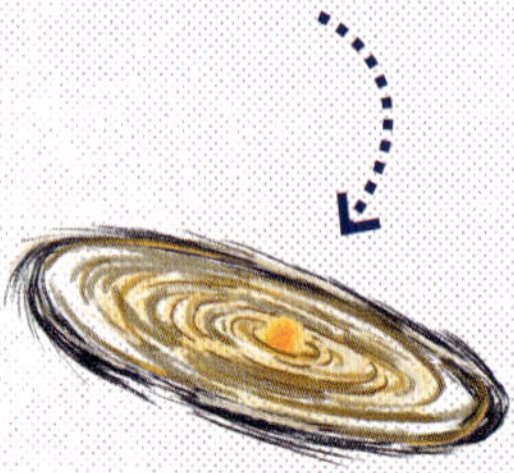

A MAGGIOR PARTE DEL SISTEMA SOLARE SI TROVA NEL SOLE

Quasi tutta la massa del Sistema solare si trova nelle grandi stelle che stanno vicino al sole.

Il Sole è molto grande. Straordinariamente grande. La nostra stella potrebbe contenere oltre 1 milione di Terre!

1 Sole
2 Mercurio
3 Venere
4 Terra
5 Marte
6 Giove
7 Saturno
8 Urano
9 Nettuno

GLI AVANZI

Il Sole il contiene il 99,86% di tutto il Sistema solare. I pianeti, le lune, gli asteroidi, le comete e tutti ciò che d'altro si può trovare ne costituiscono il restante 0,14%.

IL GIGANTE GIOVE

La gran parte della materia di quello 0,14% si trova nel pianeta Giove. Insieme a Saturno, costituisce il 90% della massa di tutti i pianeti.

TUTTI I PIANETI DEL SISTEMA SOLARE SI MUOVONO NELLA STESSA DIREZIONE

Guardandoli "dal basso", tutti i pianeti si muovono in senso antiorario.

COME UNA TROTTOLA

Può sembrare strano che tutti i pianeti si muovano intorno al Sole nella stessa direzione, eppure è così. Essi orbitano anche nello stesso piano, una sorta di disco gigante con al centro il Sole. Questo fenomento deriva dal modo in cui il Sistema solare si è formato. Ricevendo al suo interno la spinta della gravità, la nuvola di polvere e gas ha iniziato a girare, come fa un pattinatore sul ghiaccio quando stringe le braccia al corpo.

ENTRO 2 MILIARDI DI ANNI, GLI OCEANI EVAPORERANNO

È una delle conseguenze dell'invecchiamento della nostra stella.

QUESTA È LA VITA!

La vita media di una stella come il Sole è circa 10 miliardi di anni. Ciò significa che il Sole è già a metà della sua intera esistenza.

SEMPRE PIÙ CALDO

Man mano che il nucleo del Sole consumerà l'idrogeno, inizierà a bruciare sostanze più pesanti. La stella diverrà presto più luminosa, ma la temperatura nello spazio si surriscalderà inevitabilmente. Tra 2 miliardi di anni, la Terra sarà quindi così calda che l'acqua degli oceani evaporerà. Questa sarà la fine della vita e il nostro pianeta diventerà simile a Marte.

MERCURIO È IL PIANETA PIÙ VELOCE

Dal momento in cui la Terra ha iniziato a girare intorno al Sole, la velocità di Mercurio è aumentata di oltre quattro volte!

PERCHÉ?

Mercurio è il pianeta più vicino al Sole, per questo ci impiega meno degli altri a girarci intorno. Il piccolo pianeta roccioso è anche più soggetto alla forza di attrazione del Sole e per equilibrarla deve muoversi più veloce.

LA VELOCITÀ DI MERCURIO

* In media, la velocità di Mercurio è di 170.505 km/h.
* La sua rotazione dura solo 88 giorni terrestri.

VENERE
È IL PIANETA PIÙ CALDO

Venere è quasi due volte più lontana dal Sole rispetto a Mercurio, ma è più calda.

SORELLINA!

Venere è chiamato spesso "pianeta sorella" perché ha quasi le stesse dimensioni della Terra. Ma le somiglianze finiscono qui! L'atmosfera di Venere è densa e piena di biossido di carbonio. Nuvole piene di acido solforico riempiono il cielo. L'aria è così pesante che la pressione è 90 volte più alta di quella terrestre.

Su Venere, il Sole sorge a ovest e tramonta a est.

EFFETTO SERRA

L'atmosfera densa di Venere intrappola il calore del Sole facendo raggiungere la temperatura a più di 462°C. A questa temperatura si possono fondere stagno e piombo.

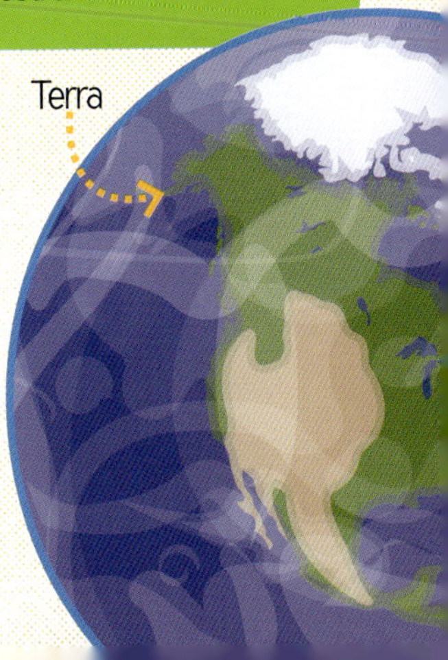

TERRA E LUNA

Sulla Terra le giornate si allungano quando la gravità della Luna rallenta la rotazione del nostro pianeta.

La Luna si allontana progressivamente dalla Terra, all'incirca alla stessa velocità con cui crescono le tue unghie.

La Terra è il pianeta più denso del Sistema solare.

Nello spazio ci si muove a 107.200 km/h – circa 100 volte più velocemente di un aereo da trasporto passeggeri.

La Luna impiega circa 27 giorni per orbitare (girare) intorno alla Terra.

La temperatura del nucleo terrestre è di 6.000 °C – come la superficie del Sole.

Gli scienziati ritengono che la Luna sia nata circa 4,5 miliardi di anni fa, quando un meteorite grande come Marte si schiantò sulla Terra.

Un giorno sulla Luna dura un anno. Poiché il nostro satellite ruota esattamente alla stessa velocità con cui orbita intorno alla Terra, noi vediamo sempre solo un lato della Luna.

In cielo vediamo sempre la Luna della stessa dimensione del Sole. La nostra stella è 400 volte più estesa della Luna, ma è anche 400 volte più lontana da noi.

La gravità sulla Luna è circa un sesto di quella presente sulla Terra. Vai sulla Luna e perderai immediatamente i cinque sesti del tuo peso!

DI TUTTO IL SISTEMA SOLARE, MARTE HA I PANORAMI PIÙ BELLI

Metti in valigia del cibo e una tuta spaziale! Stiamo per vedere i panorami mozzafiato di Marte.

LA PATRIA DEGLI DEI

Il Monte Olimpo è il vulcano più grande del Sistema solare. Questa montagna rocciosa si estende per 600 km ed è alta 22 km – circa due volte e mezzo il Monte Everest, la montagna più alta della Terra. Gli scienziati pensano che questo vulcano sia ancora attivo.

GRAN CANYON MARZIANO

I 4.000 km di estensione della Valles Marineris di Marte fanno impallidire il Grand Canyon americano. Questa enorme frattura sulla superficie del pianeta, nel suo punto più basso, è profonda 7 km.

TOM HANKS E MEG RYAN
SONO ASTEROIDI

Gli astronomi si sono divertiti a dar loro dei nomi stravaganti.

Esistono più di 1.600 asteroidi capaci di provocare danni alla Terra.

ROCCE SPAZIALI

Ci sono milioni di rocce che gravitano nello spazio. Questi frammenti fluttuanti sono chiamati asteroidi e sono i resti derivati dalla formazione del Sistema solare. Molti di questi detriti ruotano intorno al Sole tra le orbite di Marte e Giove. Questa fascia di rocce vaganti è chiamata Fascia Principale.

NOMI DI ALTRI GRANDI ASTEROIDI:

9007 James Bond

2309 Signor Spock

7470 Jabberwock

30269 Anandapadmanaban

SU GIOVE LE TEMPESTE SONO TRE VOLTE PIÙ VIOLENTE CHE SULLA TERRA

Giove è 1.000 volte più grande della Terra e tutto sul pianeta è enorme!

LA SUPER TEMPESTA

La Grande Macchia Rossa di Giove è un'enorme tempesta, simile a un ciclone tropicale. Rispetto a un uragano terrestre, la versione marziana è incredibilmente più violenta, circa tre volte di più.

OLD TIMER

Poiché manca del terreno solido a bloccarle, le tempeste di Giove durano molto a lungo. La Grande Macchia Rossa fu avvistata per la prima volta nel 1830 e, da allora, è diventata sempre più forte, nonostante imperversi da oltre 350 anni!

GIOVE HA PIÙ LUNE DI TUTTI

Di tutti i pianeti del sistema solare, Giove ha il maggior numero di lune, ben 63. Il secondo in classifica è Urano, con le sue 27!

Le quattro lune più grandi di Giove sono dette satelliti medicei (o galileiani). Queste lune di ghiaccio furono scoperte da Galileo Galilei nel 1610.

1 IO

Io ribolle con i suoi vulcani. Essi immettono nello spazio fontane di lava e pennacchi di fumo sulfureo.

2 EUROPA

Europa è coperta da lastre di ghiaccio. Gli scienziati credono che, sotto la superficie ghiacciata, ci sia un oceano pieno di forme di vita.

3 GANIMEDE

Ganimede è la luna più grande del Sistema solare. Batte Mercurio in dimensioni.

4 CALLISTO

Con la superficie segnata dai crateri, Callisto è un pianeta senza vita simile alla nostra Luna.

SATURNO PUÒ GALLEGGIARE IN ACQUA

Saturno sarebbe il secondo pianeta più grande del Sistema solare, ma è fatto solo di gas leggeri.

ENORMEMENTE LEGGERO

Non è possibile camminare su Saturno. Il pianeta è composto da idrogeno ed elio (gli stessi gas che servono a gonfiare i palloncini). Questi gas sono più leggeri dell'acqua, quindi galleggiano.
Ma chi ha una vasca così grande?

ANELLI DI ROCCIA

Gli anelli di Saturno sono enormi ma molto sottili (meno di 1 km di spessore). Non sono solidi, ma fatti di polvere, rocce, e pezzi di ghiaccio, alcuni dei quali grandi come case.

URANO POTEVA CHIAMARSI
PIANETA GEORGE

Ecco la storia di come Urano ebbe il suo nome.

1781 Urano fu scoperto dall'astronomo inglese William Hershel. Prima, fu sempre scambiato per una stella. Attraverso il telescopio, l'astronomo scoprì che si trattava di un pianeta.

1783 Herschel lo chiamò "Georgium Sidus" in onore di re Giorgio III. Nel 1783, "George" fu riconosciuto come pianeta.

1850

Visto che gli altri pianeti del Sistema solare prendevano il loro nome dalle divinità della mitologia greca, Johann Bode lo chiamò "Urano"– il dio greco del cielo.

L'asse di rotazione di Urano è quasi parallela alla sua orbita intorno al Sole.

SU NETTUNO PIOVONO DIAMANTI

Nettuno è il re del lusso: su questo gigantesco pianeta di ghiaccio i diamanti "grandinano" dal cielo.

GRANDINE

Nettuno è un pianeta di ghiaccio molto lontano dal Sole. La sua atmosfera contiene metano ghiacciato, il gas che, sulla Terra, viene usato per cucinare, riscaldare l'acqua e gli ambienti. Compresso nell'atmosfera di Nettuno, però, il gas si trasforma in una pioggia di diamanti piuttosto... violenta!

SOFFIA, SOFFIA!

Nettuno ha i venti più sferzanti del Sistema solare. Le nuvole di metano sfrecciano nel cielo del pianeta a 2.000 km/h.

PLUTONE È PIÙ PICCOLO DEGLI USA

Quando New Horizons, il veicolo spaziale della NASA atterrò sul piccolo Plutone, nel 2015, si riuscì a fare la sua prima vera misurazione.

MINI-PLUTONE

Plutone ha un diametro di 2.370 km. Ciò significa che potrebbe essere contenuto perfettamente negli USA. Gli Stati Uniti si estendono per 4,669 km.

BOCCIATO!

Dal 2006 Plutone non è più considerato un pianeta. La sua perdita di volume lo ha rallentato e la sua orbita non è più libera da rocce e detriti. È stato quindi degradato a Pianeta Nano.

UNA PASSEGGIATA SU PLUTONE

Se camminassimo lungo l'equatore di Plutone, faremmo 7,445 km – circa la stessa distanza che c'è da Anchorage (Alaska) a Città del Messico.

MISSIONE SPAZIALE

La flotta dell'*Apollo 13* ha stabilito il record per la missione più lontana dalla Terra mai compiuta: 400.171 km.

I moscerini della frutta sono stati i primi esseri viventi a essere mandati nello spazio (1947).

Secondo quanto raccontano gli astronauti, lo spazio puzza di bistecca alla griglia, metallo caldo e ferro!

Il primo essere vivente ad orbitare intorno alla Terra è stato un cane russo di nome Laika, nel 1957.

La sonda *Voyager 1* ha lasciato l'orbita del Sistema solare nel 2013 ed è in viaggio ancora adesso!

Gli astronauti della *Stazione Spaziale Internazionale* bevono, depurati, il loro sudore, la condensa del loro respiro e persino la loro pipì!

In orbita, gli astronauti diventano più alti. Quando non è schiacciata dalla forza di gravità, la loro colonna vertebrale si allunga.

Nello spazio, senza una tuta spaziale, non si può sopravvivere per più di 30 secondi.

Valeri Polyakov ha stabilito il record per la permanenza più lunga nello spazio: 437 giorni e 18 ore.

Gli astronauti, in orbita, vedono una nuova alba ogni 90 minuti.

LA GALASSIA CON

IL BUCO NERO NEL SUO CUORE

Un buco nero è un luogo dello spazio in cui la gravità è così forte che non passa neanche la luce.

INVISIBILI

I buchi neri non sono vuoti. Contengono un'enorme quantità di materia compressa in uno spazio minuscolo. Poiché la luce non riesce a penetrarvi, sono invisibili, ma possono essere individuati attraverso gli effetti che hanno su ciò che li circonda.

I buchi neri, in base alle dimensioni, si distinguono in:

MICRO

Grande quanto un atomo, può contenere la massa di una montagna.

BUCO STELLARE

I buchi neri stellari si formano quando delle stelle morte collassano. Hanno una massa 10 volte maggiore di quella del sole.

SUPER!

I buchi neri supermassicci sono giganti di massa 1 milione di volte maggiore di quella solare. La nostra galassia ne ha uno al suo interno.

LA NOSTRA GALASSIA È IN ROTTA DI COLLISIONE

Entro 4 miliardi di anni la Via Lattea si scontrerà con Andromeda.

SPETTACOLO DI LUCE

Invece di scontrarsi improvvisamente, le galassie si fondono. Visto che le distanze tra le loro stelle sono così ampie, difficilmente collidono davvero. Nel futuro, dunque, gli astronomi, si godranno uno spettacolo di luce lungo un miliardo di anni.

SCONTRO GALATTICO

La nostra galassia, la Via Lattea, e la grande galassia a spirale di Andromeda, al momento, si trovano a una distanza di 2,5 milioni di anni luce tra loro. Spinte dalle loro forze di gravità, però, stanno avvicinandosi l'una all'altra alla velocità di 100,000 m al secondo.

VELOCITÀ DI AVVICINAMENTO:
402.000 km/h

OGNI SECONDO, NELL'UNIVERSO,

UNA STELLA ESPLODE

Alla fine della loro vita, le stelle massicce esplodono. Queste esplosioni sono chiamate supernova.

DIVENTARE SUPERNOVA

Nei primi 10 secondi di esplosione di una supernova, una stella morente produce più energia di quanta possa produrne il Sole in 10 miliardi di anni. Per un tempo ridotto, una stella produce più energia di un'intera galassia.

È NATA UNA STELLA

Una stella che muore, lo fa in modo spettacolare. Diventa super luminosa per settimane, al punto da sembrare una nuova stella del firmamento. In una galassia come la Via Lattea, compare una supernova ogni 50 anni.

IL SOLE ESPLODERÀ?

No. La nostra stella non è grande abbastanza per diventare una supernova.

LE STELLE PULSAR SONO STATE SCAMBIATE PER ALIENI

Le pulsar sono stelle di neutroni, nate dall'esplosione di una gigantesca supernova.

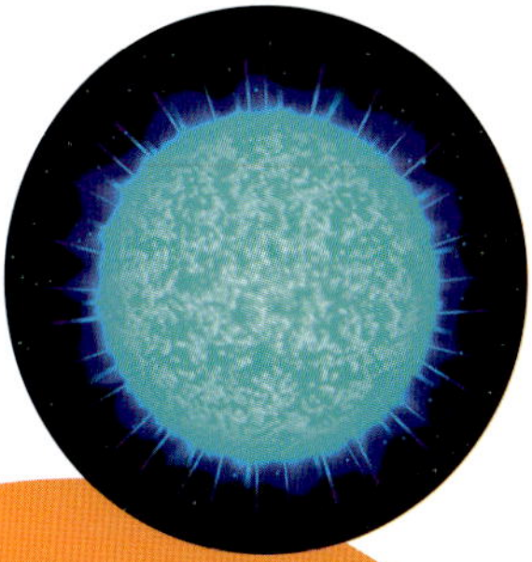

LO SPAZIO CHIAMA

Jocelyn Bell scoprì la prima pulsar nel 1967. Gli scienziati, per un po', pensarono che le luci intermittenti di queste stelle fossero messaggi alieni.

PULSAR P-P-P-PULSANTI

Quando una stella massiccia esplode in una supernova, il suo nucleo collassa e forma una stella di neutroni molto densa. Le stelle di neutroni inviano fasci di onde radio da ogni polo magnetico. Visto dalla Terra, questo luccichio appare come la luce di un faro, perché la stella ruota.

Un cucchiaino da caffè di stelle pulsar può pesare 5,4 miliardi di tonnellate.

L'UNIVERSO È NATO DA UN "GRANDE SCOPPIO"

Secondo gli scienziati tutto è iniziato con un'esplosione 13,8 miliardi di anni fa: il Big Bang! Tutto l'Universo è nato da un puntino.

A QUALCUNO PIACE CALDO

L'idea che il cosmo sia nato dall'espansione di un'esplosione caldissima, si basa su tre ragioni chiave:

- ✓ Tutte le galassie si allontanano tra loro. Le più lontane si muovono più velocemente. Ciò accade nelle esplosioni.
- ✓ Il calore derivante da un'esplosione gigantesca può essere individuato e misurato in tutte le zone del nostro cielo.
- ✓ Le quantità di idrogeno ed elio presenti nell'universo, sono esattamente quelle della teoria del Big Bang.

OGNI STELLA È UNA MACCHINA DEL TEMPO

Nello spazio, più lontane si trovano le cose, più vecchie sono.

GUARDANDO AL PASSATO

La luce delle stelle impiega del tempo per viaggiare attraverso lo spazio e arrivare fino a noi. Non possiamo vedere una stella "com'è ora", ma solo com'era molto tempo fa!

VECCHIE LUCI

Ci vogliono 8 minuti e 19 secondi perché la luce del Sole arrivi fino alla Terra. Se il Sole si spegnesse ce ne accorgeremmo 8 minuti e mezzo dopo. La stella più vicina al Sole, Proxima Centauri, è lontana 4,25 anni luce. Ciò significa che la sua luce impiega 4,25 anni per arrivare alla Terra.

L'UNIVERSO SI STA INGRANDENDO

La scoperta dell'espansione dell'Universo è stata una delle più importanti della storia.

CHE CHIASSO!

Negli anni '20, l'astronomo americano Edwin Hubble scoprì che nell'universo c'era molto di più della Via Lattea e che altre galassie si muovevano intorno alla nostra.

GALASSIE AL GALOPPO

Più le galassie sono lontane da noi, più velocemente si muovono. Ciò significa che un giorno, ogni cosa nell'Universo sarà concentrata in un unico punto.

C'È QUALCOSA DI SBAGLIATO
NELLA NOSTRA IMMAGINE DELL'UNIVERSO

Non siamo in grado di vedere né di capire com'è fatto l'Universo.

NELL'OSCURITÀ

Le galassie, i buchi neri, le stelle, i pianeti, le lune e tutto ciò che conosciamo dello spazio, occupa solo il 4% dell'Universo. È tutto ciò che chiamiamo materia. Ma c'è un altro misterioso tipo di "materia" che non conosciamo: la materia oscura. Essa si comporta come normale materia, ma è invisibile e (ancora) impercettibile.

Queste sono le nostre ipotesi:

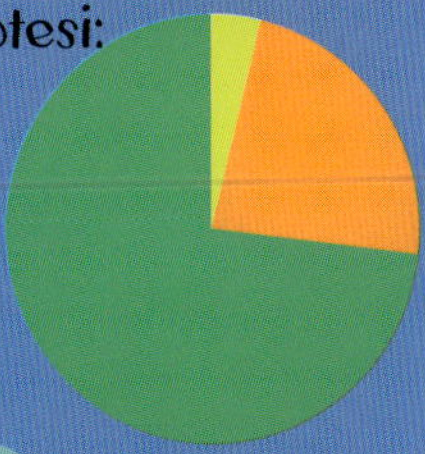

4% materia

23% materia oscura

73% energia oscura

UNA FORZA MISTERIOSA

Per gli scienziati c'è qualcosa di più incomprensibile della materia oscura: l'energia oscura, una specie di antigravità che allontana l'Universo.

LA TERRA È UN MAGNETE GIGANTE

Prendi una bussola guarda l'ago indicare il Polo Nord. Ad agire è l'invisibile campo magnetico della Terra.

GENERATORE GIGANTE

Il nucleo della Terra è per lo più fatto di ferro solido, ma circondato da ferro liquido. Il metallo fuso crea correnti elettriche che generano enormi campi magnetici.

CAMPI DI FORZA

Il campo magnetico della Terra si estende nello spazio. Questa forza invisibile ci protegge dai flussi di particelle pericolose che si propagano dal Sole.

POLI OPPOSTI

Il Polo Nord (il punto più a nord della Terra) e il Polo Nord magnetico (quello a cui punta l'ago della bussola) non coincidono. Il polo magnetico si sposta e al momento dista 500 km dal Polo Nord.

LA TERRA RUOTA PIÙ VELOCEMENTE IN CORRISPONDENZA DELL'EQUATORE

Come fa la Terra a non svitarsi? Questo fatto è davvero molto curioso!

DISTANZE DIVERSE

La Terra ha una forma sferica ed è più larga al centro. Il pianeta ruota intorno al suo asse una volta ogni giorno. Per compiere un giro completo, un oggetto che si trova all'Equatore deve percorrere una distanza maggiore rispetto a quella di un oggetto che si trova vicino ai Poli. Visto che, però, un giorno ha la stessa durata in ogni parte del mondo, l'Equatore deve ruotare più velocemente per mantenere costante questa durata.

VERTIGINI?

La circonferenza della Terra in corrispondenza dell'Equatore è di 40.000 km e la Terra compie una rotazione completa in 24 ore. All'Equatore, quindi, un oggetto ruota a una velocità vertiginosa: 1,664 km/h.

NEL NUCLEO DELLA TERRA, LE ROCCE SONO APPICCICOSE

La Terra ha una crosta di rocce dure, che sotto la superficie diventa più viscosa.

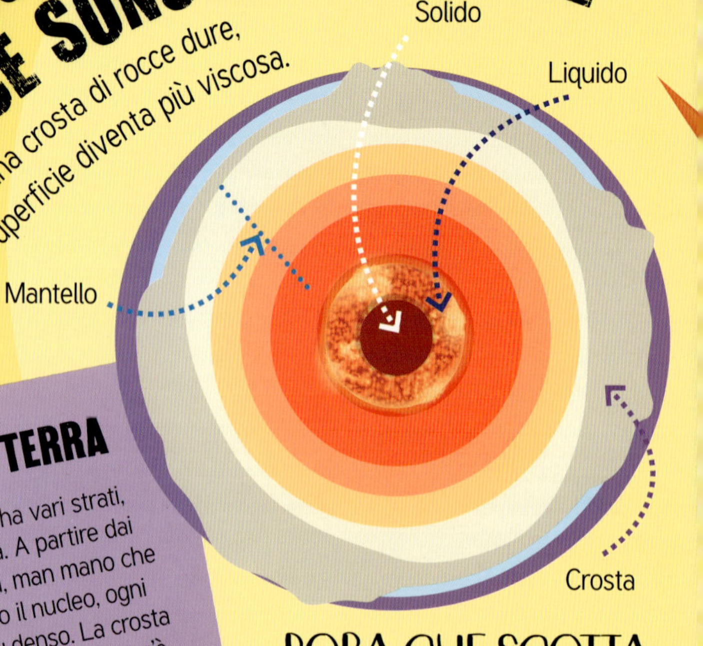

DENTRO LA TERRA

Il nostro pianeta ha vari strati, come una cipolla. A partire dai gas dell'atmosfera, man mano che si procede verso il nucleo, ogni strato diventa più denso. La crosta è fatta di rocce leggere. Sotto c'è il mantello, che è spesso 2.900 km e occupa i sei settimi del volume terrestre.

ROBA CHE SCOTTA

Man mano che si procede verso il nucleo, il pianeta diventa più caldo. Il calore rende le rocce morbide. Il mantello non ha rocce liquide, ma è di consistenza simile allo stucco.

LA MAGGIOR PARTE DELL'ORO SI TROVA **NEL NUCLEO**

L'oro è molto raro sulla crosta terrestre, abbonda invece nel suo nucleo.

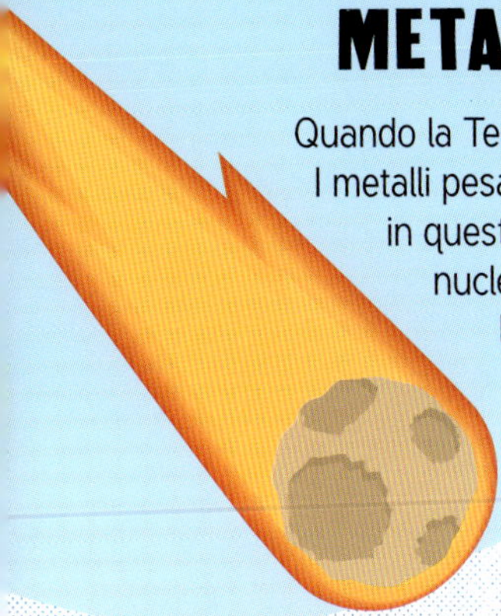

METALLI SCOMPARSI

Quando la Terra si formò, il pianeta intero era liquido. I metalli pesanti, come il ferro e il nickel, sprofondarono in questa sfera liquida, calda e viscosa, fino al suo nucleo. Elementi come il cobalto, il platino, l'iridio, l'osmio e l'oro, che di solito si legano al ferro, quindi, scomparvero quasi del tutto dagli strati più superficiali della Terra.

COMETE LUMINOSE

Secondo gli scienziati, gran parte dell'oro e dei metalli preziosi presenti sulla superficie terrestre sono stati trasportati sul pianeta dalle comete.

Tutto l'oro estratto nella storia potrebbe stare in un cubo le cui facce hanno la superficie di un campo da tennis.

VULCANI E...

TERREMOTI

La crosta terrestre è costituita da otto placche maggiori e varie placche minori, che, insieme, formano una sorta di puzzle.

Le placche si muovono alla stessa velocità con cui crescono le tue unghie. Molti terremoti vengono causati dal movimento delle placche.

Si verificano milioni di terremoti ogni anno, ma solo un centinaio di questi produce danni.

Gli tsunami sono causati dai terremoti sottomarini. I moti ondosi, in questi casi, possono raggiungere i 1.000 km/h e le onde che si infrangono sulle coste possono superare i 30 m di altezza, causando danni devastanti.

I tre quarti dei vulcani della Terra si trovano lungo le coste dell'Oceano Pacifico e formano la cosiddetta "cintura di fuoco".

I vulcani possono formarsi velocemente. Nel 1943, il Paricutin, in Messico, ci mise una settimana. Alla fine dell'anno era alto 336 m.

Ci sono 1.500 vulcani attivi nel mondo e circa 1 persona su 10 vive in una zona a richio eruzione.

Il più lungo terremoto mai registrato si verificò nell'Oceano Indiano nel 2004. Durò ben 10 minuti.

Nella mitologia giapponese, si racconta che un pesce gatto gigante, chiamato Namazu, agitando la sua possente coda causò diversi terremoti.

IL GRANITO È LA PIETRA PIÙ DIFFUSA AL MONDO

Su questa pietra poggiano tutti i continenti.

DURO COME IL GRANITO!

Il granito resiste all'erosione degli agenti atmosferici. Questa pietra forma alcuni tra i più strani e famosi paesaggi della Terra.

IL GRANITO ABBONDA

Il granito si trova dovunque. È usato per sculture e monumenti, sulle facciate di edifici importanti, per tavoli, banconi e bagni lussuosi.

TESTA DURA!

Le enormi teste dei presidenti degli USA, sul Monte Rushmore, sono state scolpite sul granito. Gli operai rimossero 400.000 tonnellate di pietra in 14 anni, per lo più con la dinamite. La scultura potrebbe resistere anche 7 milioni di anni.

LE VETTE PIÙ ALTE SI TROVANO NELLA "ZONA DELLA MORTE"

Al di sopra degli 8.000 m c'è a malapena ossigeno per respirare.

TESTA LEGGERA

Sul "tetto del mondo", la mancanza di pressione implica carenza di ossigeno per il nostro corpo. L'altitudine, quindi, può causare malesseri vari, come mal di testa, nausea, difficoltà di concentrazione. La carenza di ossigeno può essere pericolosa, ecco perché gli scalatori, a quelle altezze, usano spesso le bombole.

NIENTE SCORTE

Nella "zona della morte" molti scalatori portano con loro delle bombole d'ossigeno. Nel 1999, Babu Chiri Sherpa passò 21 ore sulla cima dell'Everest senza scorte d'ossigeno.

IL MONTE EVEREST NON È LA MONTAGNA PIÙ ALTA

Non credere a tutto quello che leggi! L'Everest è la montagna piu' alta... ma sopra il livello del mare!

MISURARE LE MONTAGNE

Il Monte Everest, dal livello del mare alla vetta, è alto 9.000 m, ma si trova sull'altopiano del Tibet. Di per sé, a partire dalla sua base, l'Everest è alto 5.200 m.

Il Kilimanjaro, situato in Tanzania, invece, si erge sulle pianure africane e, dalla base alla vetta, misura 5.600 m.

Misurandolo dalla base - che si trova sul fondo del mare - fino alla vetta, il Mauna Kea (Hawaii) è alto 10.200 m.

NELLA GOLA PIÙ PROFONDA DEL MONDO STAREBBERO 20 TOUR EIFFEL

20 Tour Eiffel starebbero perfettamente
nel Canyon Tsangpo del Tibet.

UN CANYON ESAGERATO!

Nel suo punto più profondo il canyon Yarlung Tsangpo raggiunge i 6.009 m di profondità. È oltre tre volte più profondo del Grand Canyon e 13,5 volte l'altezza dell'Empire State Building.

TANTI NOMI!

Il Canyon Tsangpo è conosciuto anche come Grand Canyon Yarlung Zangbo e Canyon del Brahmaputra.

"L'EVEREST DEI FIUMI"

Il fiume Yarlung Tsangpo è l'"Everest dei fiumi" del Tibet. Raggiunge la Baia del Bengala percorrendo 3.000 km attraverso il Canyon Tsangpo. Con i suoi 504,6 km, è più lungo del Grand Canyon.

L'ATMOSFERA E IL CLIMA

I due terzi dell'atmosfera della Terra si trovano al massimo a 8 km dalla sua superficie.

Una nuvola di medie dimesioni pesa quanto 80 elefanti.

Il confine ufficiale dello spazio è a 100 km dalla superficie terrestre.

Per tempo atmosferico si intende ciò che si verifica nello strato più spesso dell'atmosfera, quello più vicino al suolo.

Le correnti a getto sono flussi d'aria che soffiano a velocità maggiori di 321 km/h.

L'ozono è un gas blu dall'odore molto forte. Al livello del suolo si trasforma in inquinamento, ma, nell'atmosfera, protegge il pianeta dai raggi UV.

Non te ne accorgi, ma hai 1 tonnellata d'aria che preme sopra di te.

La spessa coltre di gas che circonda la Terra intrappola l'energia del Sole nell'atmosfera. Questo fenomeno si chiama "effetto serra".

Senza l'effetto serra causato da gas come il biossido di carbonio, il calore della Terra si disperderebbe nello spazio.

L'effetto serra fa sì che nel pianeta ci sia una temperatura adatta a consentire la vita. Purtroppo, però, la temperatura globale sta crescendo a causa dell'eccesso di gas prodotti dai combustibili fossili.

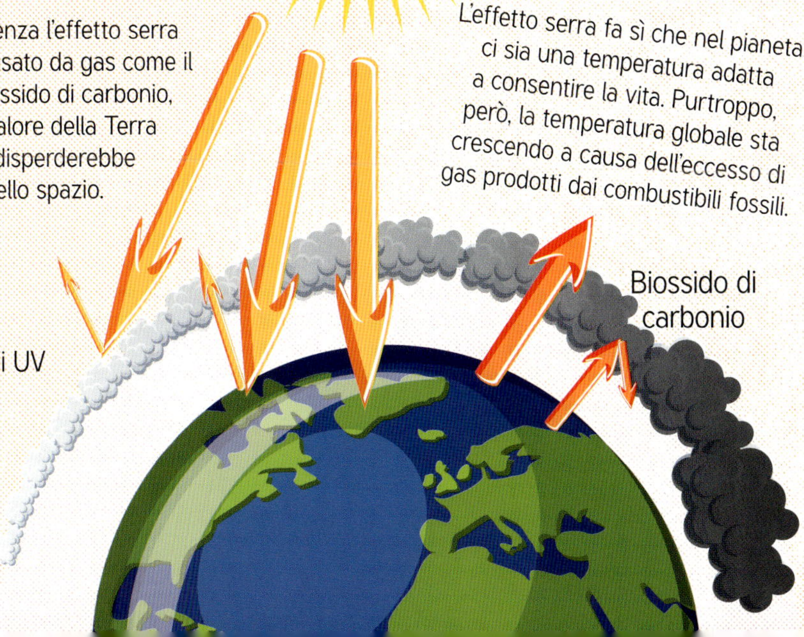

LE TEMPESTE SOLARI PRODUCONO LUCE

I giochi di luce che si possono vedere ai Poli svelano i segreti "magnetici" del pianeta.

A TUTTA LUCE

Le aurore boreali e australi sono fenomeni ottici, simili a veli di luce, visibili nei pressi dei due Poli. Sono causate da protoni ed elettroni che si muovono veloci e agitano le molecole di gas dell'atmosfera, facendole brillare.

IL PIANETA È SALVO!

La nostra stella immette nello spazio particelle di energia. Questi "venti solari" distruggerebbero l'atmosfera e la vita del pianeta se non ci fosse il campo magnetico terrestre. Questo invisibile campo di forza fa in modo che la Terra respinga i raggi e le particelle dannosi.

AI POLI LE ORE NON ESISTONO

Il mondo è diviso in parti uguali dal Polo Nord al Polo Sud.

PRIMA LINEA

La linea longitudinale parte dal Primo Meridiano (0°) e procede verso est e ovest fino a 180°. Anche il Tempo Medio di Greenwich (GMT) inizia a 0°. I luoghi a est del meridiano sono convenzionalmente davanti al GMT e quelli a ovest sempre dietro.

IL MISTERO DEL POLO

Il Polo Nord è il luogo in cui tutte le direzioni vanno a sud. Che ora è lì? Visto che questo punto della Terra non si muove, è qualunque ora.*

*Al Polo Nord, viene usato il GMT.

Nel posto più soleggiato della Terra

CI SONO 4.000 ORE DI SOLE ALL'ANNO

Yuma, in Arizona, è il luogo più esposto al sole al mondo.

Una città luminosa

Yuma non ha mai meno di 8 ore di sole al giorno. C'è quindi il 90% di possibilità che il tempo sia sereno... quotidianamente!

LA TERRA DEL SOLE DI MEZZANOTTE

Sull'isola di Ellesmere (Canada), maggio è, in assoluto, il mese con più ore di luce dell'anno. È uno dei luoghi più a nord del mondo e, durante l'estate, il sole non tramonta mai. Questo avamposto canadese, in media, ha circa 16,5 ore di luce al giorno.

UN FULMINE COLPISCE DUE VOLTE

Chi dice che un fulmine non colpisce mai due volte la stessa cosa? La Willis Tower di Chicago viene colpita dai fulmini 100 volte all'anno!

UNA SCARICA DALL'ALTO

Il fulmine è una scarica di corrente elettrica che viene dal cielo. L'elettricità statica delle nuvole crea cariche elettriche che si scaricano sul terreno, spesso sugli oggetti più alti. Quando viene stabilita una connessione, l'elettricità si propaga tra la terra e le nuvole.

Un singolo fulmine contiene abbastanza elettricità da poter cuocere 100.000 fette di pane.

INCREDIBILMENTE SFORTUNATO O SUPER FORTUNATO?

Roy Sullivan, il ranger di un parco americano, è stato colpito 7 volte da un fulmine tra il 1942 and 1977. È sempre sopravvissuto.

LA DEATH VALLEY
È IL LUOGO PIÙ CALDO DEL MONDO

In queste terre roventi, è meglio non passeggiare all'aperto alle 10 del mattino.

SI BOLLE!

La Death Valley, negli USA, detiene il record per la temperatura più alta mai registrata: 57 °C, il 10 luglio del 1913.

CALORE CALIFORNIANO

Le alte temperature non sono l'unica particolarità di questo grande parco americano. Con i suoi 86 m sotto il livello del mare, il bacino di Badwater è il punto più profondo degli Stati Uniti d'America.

Mettere radici!

Nella Death Valley le radici delle piante arrivano a diramarsi nel terreno fino a 30 m - per assorbire quanta più acqua possibile.

IL LUOGO PIÙ FREDDO DEL MONDO È L'ANTARTIDE...

Nel 2013, un satellite della NASA ha misurato una temperatura di -94.7 °C.

PORTA UNA SUPER TUTA

Non è una sorpresa che questo sia il continente più freddo della Terra. In Antartide, le temperature sono così fredde che gli scienziati, per respirare, usano un tubo che fa passare l'aria attraverso le maniche dei loro giubbotti prima di portarla fino ai polmoni.

UNA STAZIONE DA BRIVIDI

Fino all'ultima misurazione della NASA, la temperatura più fredda mai registrata era stata di -89.2 °C, presso la Base di Ricerca di Vostok.

FOLLE CORSA

Per non annoiarsi, in Antartide, i ricercatori si sfidano a correre nudi nella neva, a -73 °C di temperatura!

...E ANCHE IL PIÙ VENTOSO!

SOFFIO GELIDO

Nel 1913, una spedizione in Antartide dovette fermarsi nella Baia di Commonwealth. Lì, a luglio, il vento soffiava a153 km/h. In realtà, è molto difficile misurare la velocità del vento in Antartide perché, quando il vento soffia davvero, tende a distruggere le attrezzature.

DALL'AUSTRALIA

Nel 1996, la sconosciuta stazione meteorologica dell'Isola di Barrow, in Australia occidentale, ha registrato la folata di vento più forte di sempre, con i suoi 408 km/h.

La "Tornado Alley", in Oklahoma, nell'entroterra degli USA, è la patria dei tornado. Nell'aprile del 2011, se ne sono formati addirittura 207 in un solo giorno!

UN URAGANO PRODUCE LA STESSA ENERGIA DI 10.000 BOMBE NUCLEARI

Queste tempeste estive che nascono dal mare, quando colpiscono la terraferma, seminano il caos.

DISTRUZIONE MASSIMA

Gli uragani generano un'impressionante quantità di energia. I soli venti hanno una forza di 1,5 terawatt e impiegano molta energia per far evaporare l'acqua che serve a formare nubi e pioggia. Un ciclone tropicale ha circa 600 terawatt di forza, cioè 200 volte la potenza di tutte le centrali elettriche del mondo e di 10.000 ordigni nucleari!

AMPIA DISTRIBUZIONE

La differenza tra un uragano e una bomba è che il primo rilascia la propria energia in un'area molto ampia, mentre la seconda lo fa in un luogo piuttosto contenuto come dimensioni.

IL VILLAGGIO PIÙ UMIDO
DEL MONDO SI TROVA IN INDIA

Meghalaya, in India, è lo stato più umido del mondo.

FOLLI MONSONI

Mawsynram, un villaggio nello stato di Meghalaya, in media, riceve 11.872 mm di piogge monsoniche ogni anno.

PONTI

Se si vuole vivere in luoghi così umidi, bisogna ingegnarsi. La gente indossa cappelli di bambù e foglie di banana a forma di conchiglia. Poiché i ponti di legno marciscono con l'acqua, le rive dei fiumi sono collegate da radici intrecciate di alberi della gomma.

GARA BAGNATA

A soli 15 km da Mawsynram si trova Cherrapunji, il secondo luogo più umido del mondo. Questa città ha una media di 11.777 mm di pioggia all'anno.

IL DESERTO PIÙ GRANDE DEL MONDO NON HA SABBIA

Patria di pinguini, foche e scienziati, l'Antartide è un'arida distesa di neve.

DESERTO POLARE

Puoi non crederci, ma è l'Antartide il più grande deserto della Terra. Interamente ricoperto di ghiaccio, occupa 14 milioni di km^2, un'area una volta e mezza più grande di quella degli USA.

SECCO COME UN OSSO

I deserti ricevono meno di 250 mm di pioggia all'anno. Hanno una vegetazione scarsissima. Ogni essere vivente, in un luogo del genere, deve resistere alla siccità e alle durissime condizioni climatiche.

IL 71% DELLA TERRA È COPERTO D'ACQUA

L'acqua scorre in quasi tre quarti del nostro pianeta.

PIANETA D'ACQUA

La maggior parte dell'acqua del nostro pianeta (circa il 96,5%) è acqua di mare. L'acqua riempie il cielo sotto forma di vapore e nuvole, scorre nei fiumi e nei laghi, si trova nelle calotte di ghiaccio, nei ghiacciai e nelle falde acquifere sotterranee. Anche gli esseri viventi sono per lo più composti d'acqua.

IL CICLO DELL'ACQUA

L'acqua non si ferma mai: è costantemente in movimento dal mare al cielo, cade come pioggia riversandosi nei fiumi, riempie le falde acquifere, muta da uno stato all'altro.

CI VOGLIONO 450 ANNI PER SMALTIRE UNA BUSTA DI PLASTICA

I tuoi rifiuti di plastica saranno ancora in giro per il mondo nel 2500.

UN COLPO DI SOLE

I microorganismi non riescono a smaltire la plastica, ma i sacchetti e le bottiglie si decompongono al sole. I raggi UV spezzano i legami chimici, riducendo la plastica in pezzi sempre più piccoli.

Ogni anno vengono gettate via circa 1 bilione di sacchetti di plastica.

UNA CHIAZZA DI SPAZZATURA

La plastica scaricata nel Pacifico è trasportata dalle correnti oceaniche fino alla Great Pacific Garbage Patch, un'isola di plastica grande quanto il Texas. La plastica ridotta in micro-frammenti vortica in grandi masse scure che rilasciano tossine nell'acqua, mettendo a repentaglio la vita delle creature marine.

Una persona contiene 100 BILIONI DI CELLULE

Il tuo corpo è costituito da un numero altissimo di microscopici mattoncini.

La membrana è come una sacca che avvolge la cellula.

MATTONCINI

Tutti gli esseri viventi sono fatti di cellule. C'è bisogno del microscopio per osservarle. Ognuna di queste minuscole unità è circondata da una membrana che agisce come le mura di una casa. Tiene fuori dalla cellula gli elementi indesiderati e funge da sacca per il liquido acquoso che contiene ciò che serve al corpo per vivere.

QUANT'È UN BILIONE?

Un bilione è un milione di milioni, o un 1 seguito da 12 zeri. Se ti venisse in mente di contare da 1 a un bilione al ritmo di 1 numero al secondo, impiegheresti 32.000 anni!

SEI FATTO PREVALENTEMENTE DI BATTERI

Il numero di batteri nel tuo corpo è dieci volte più alto di quello delle tue cellule.

Sulla tua pelle ci sono più organismi viventi di quante siano le persone nel mondo.

VITA ALIENA

La maggior parte delle cellule che ci sono sul tuo corpo non ti appartiene! Ma non preoccuparti! I batteri ti mantengono in salute. Senza di loro, non resisteresti a lungo. Molti di questi esseri "alieni" vivono nel tuo stomaco e sono utilissimi: ti aiutano a digerire il cibo che mangi.

IN PANCIA

Questi microbi pesano circa 1,4 kg in totale.

Nel corpo hai un DNA lungo abbastanza DA POTER AVVOLGERE PLUTONE

E non solo una volta, ma non meno di 17 volte!

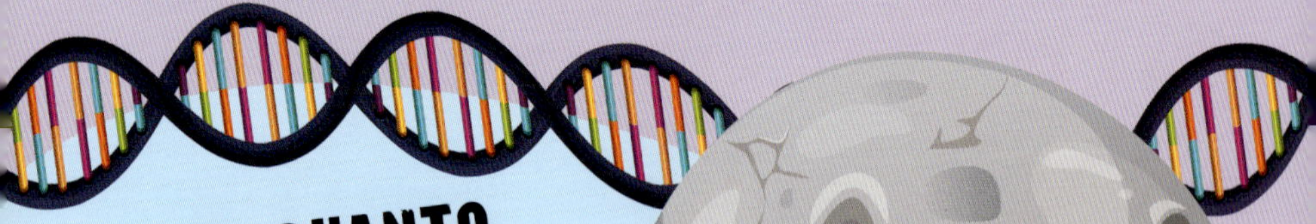

DI QUANTO DNA SI TRATTA?

Ci sono 6 miliardi di km tra la Terra e Plutone. Alla velocità di 83.000 km/h, il veicolo spaziale della NASA, il New Horizons, ha impiegato 10 anni per raggiungere Plutone. Se fosse andato a questa velocità lungo il tuo DNA, ci avrebbe messo 323 anni per raggiungerne la fine.

IN POCO SPAZIO

Ogni cellula del tuo corpo contiene del DNA attorcigliato all'interno del suo nucleo. Se srotolassi il DNA di una cellula, arriverebbe a 2 m!

HAI MENO GENI DI UN POMODORO

Nessuno sa perchè gli uomini hanno bisogno di pochi geni e i pomodori di così tanti!

LA CONTA DEI GENI

Pollo – 16.736 geni
Uva – 30.434 geni
Pomodoro – 31.760 geni

Il mistero dell'uva

I geni sono catene di DNA che funzionano come il codice di un programma informatico. Sono istruzioni che dicono al corpo come agire e crescere. In un essere vivente il numero di geni varia da specie a specie. Gli umani ne hanno circa 20.000 – più di un pollo, meno dell'uva e all'incirca lo stesso numero di un nematode (un verme cilindrico).

NELL'UOMO, L'ACQUA ABBONDA!

Il tuo corpo è prevalentemente liquido.

Cellule umide

Sai che sei come una grossa sacca d'acqua? O meglio, come tanti piccoli sacchetti, visto che l'acqua si trova all'interno delle tue cellule. Ogni cellula dei 100 bilioni che formano il tuo corpo è composta per due terzi d'acqua.

DOVE STA IL RESTO DELL'ACQUA?

Un corpo di media grandezza contiene circa 14 l d'acqua fuori dalle sue cellule, cioè: la parte liquida del sangue, i fluidi che circondano il cervello e il midollo spinale, il liquido degli occhi, il liquido sinoviale e la linfa - un'altra sostanza acquosa che circonda le cellule.

Un neonato è composto per tre quarti d'acqua.

SEI POLVERE DI STELLE

I mattoni che formano il tuo corpo provengono dall'esplosione delle stelle.

L'UNIVERSO IN NOI

Il tuo corpo è costituito da sostanze presenti sul nostro pianeta; molte altre provengono invece dalle stelle. La materia si compone di sostanze chimiche chiamate elementi. Quasi tutti gli elementi si sono formati nel nucleo di una stella.

SEGRETI NUCLEARI

Le fusioni nucleari, all'interno di una stella, fanno reagire gli atomi di idrogeno per formare elementi più pesanti. Quando l'idrogeno si esaurisce, a volte, la stella esplode, diffondendo nuovi elementi chimici nello spazio.

IL TUO CORPO CONTIENE IL FERRO CHE C'È IN UN CHIODO DA 7 CM

La maggior parte delle persone ha all'incirca 4,5 grammi di ferro nel corpo.

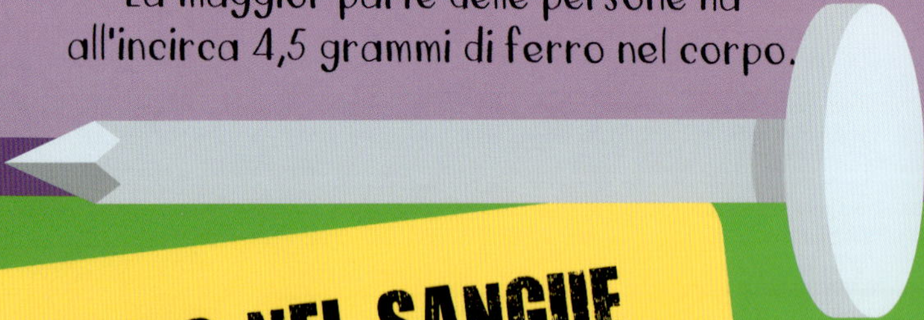

FERRO NEL SANGUE

Circa la metà del ferro del tuo corpo si trova nel sangue e serve a trasportare l'ossigeno nelle cellule.
Il resto è sparso qua e là tra fegato, milza e midollo osseo.

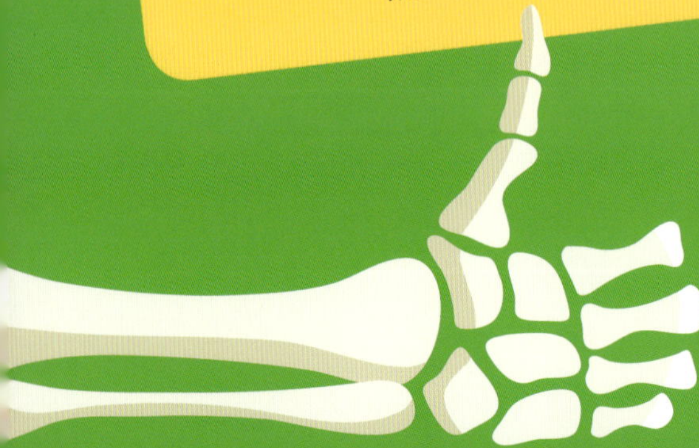

ANALISI CHIMICA

Il tuo corpo contiene 1 kg di calcio nelle ossa e nei denti. Abbastanza per realizzare più di 18.000 gessetti.

CON IL CARBONIO CHE HAI IN CORPO POTRESTI PRODURRE 4 SACCHI DI CARBONE

Il tuo corpo e il carbone contengono carbonio.

GRIGLIATA!

Prendi pinze e grembiule! L'ossigeno che hai nel corpo costituisce i due terzi del tuo peso, ma è quasi tutto bloccato nell'acqua. Nelle sostanze chimiche che ti permettono di vivere e nelle cellule, invece, è contenuto il carbonio. Nel corpo ne hai circa 10 kg – la stessa quantità che serve per una buona grigliata!

Variante vegetariana

Il carbonio presente nel tuo corpo basta per realizzare 9.000 mine di matita.

Nel SANGUE

Gli adulti hanno circa 5 l di sangue.

Sono i globuli rossi a dare il colore al sangue.

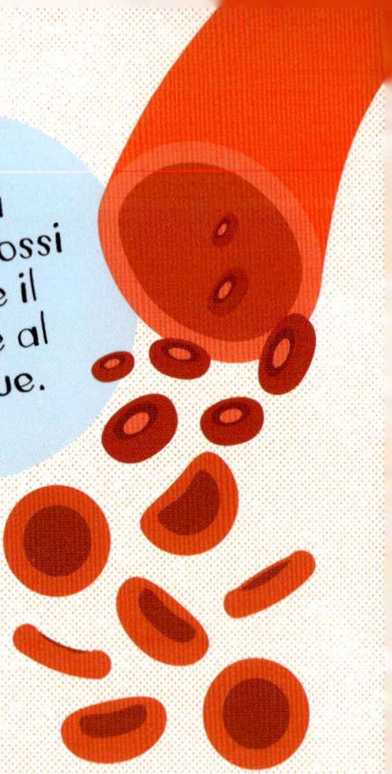

Il sangue non è blu. Le vene lo sembrano perché solo la luce blu penetra nella pelle e si riflette nelle vene.

Circa un quarto delle cellule del tuo corpo sono globuli rossi.

Il sangue fa arrivare l'ossigeno e i nutrienti alle cellule del corpo e porta via le sostanze di scarto.

Un globulo rosso riesce ad attraversare tutto il corpo in un solo minuto.

Il sangue delle arterie, che è carico di ossigeno, è rosso acceso; quello delle vene, che invece non ha ossigeno, è scuro.

Il plasma, la parte liquida del sangue, appare di un colore giallo.

Una goccia di sangue contiene 250 milioni di globuli rossi carichi di ossigeno.

Il tuo corpo produce 2 milioni di nuove cellule sanguigne al secondo.

Distesi e appiattiti, I POLMONI POTREBBERO RICOPRIRE UN CAMPO DA TENNIS

I polmoni riforniscono il tuo corpo di ossigeno e ti liberano dai gas di scarto prodotti dal corpo.

A PIENI POLMONI

Il lavoro dei polmoni è mettere in circolazione ed espellere gas dal flusso sanguigno. Sono il punto in cui aria e sangue entrano in contatto. In ogni polmone ci sono tanti minuscoli sacchetti chiamati alveoli, ognuno dei quali è coperto da una fitta rete di piccoli vasi sanguigni.

Il polmone sinistro è più piccolo del destro, per fare in modo che nella gabbia toracica ci sia abbastanza spazio per il cuore.

I BEBÈ HANNO CIRCA 70 OSSA IN PIÙ DEGLI ADULTI

Gli adulti hanno 206 ossa nel loro scheletro. I neonati ne hanno 270. Allora perché i corpi dei bambini sono più morbidi?

A PEZZI!

Per nascere, i bambini devono attraversare un canale molto stretto. Per rendere più agevole il loro "viaggio", molte ossa rimangono unite solo dalla cartilagine. Solo dopo la nascita queste cartilagini si trasformano in ossa.

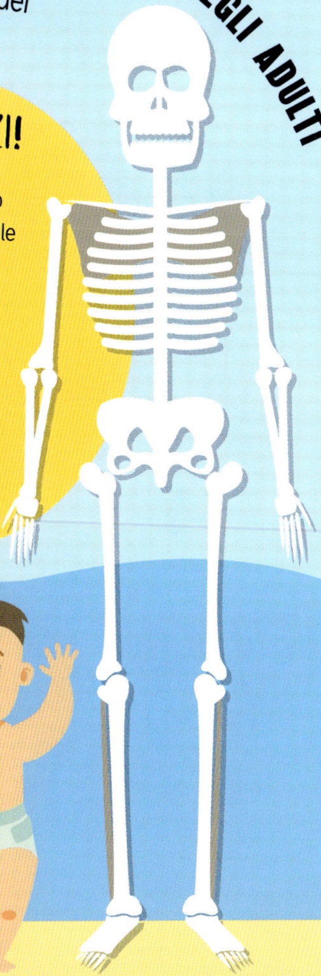

CRANIO MORBIDO

Gli elementi del cranio di un neonato non sono "saldati" insieme. La cartilagine tra le ossa rende il cranio morbido. Ecco perché molti piccoli hanno teste dalle forme strane!

L'OSSO PIÙ PICCOLO
È GRANDE QUANTO UN PISELLO

Senti un po'... le ossa più piccole stanno nelle orecchie.

Senti, senti!

Le orecchie hanno un insolito ed elaborato meccanismo per captare le vibrazioni nell'aria e portarle fino al cervello. La parte esterna canalizza verso il cavo auricolare i suoni, che arrivano poi fino al timpano.

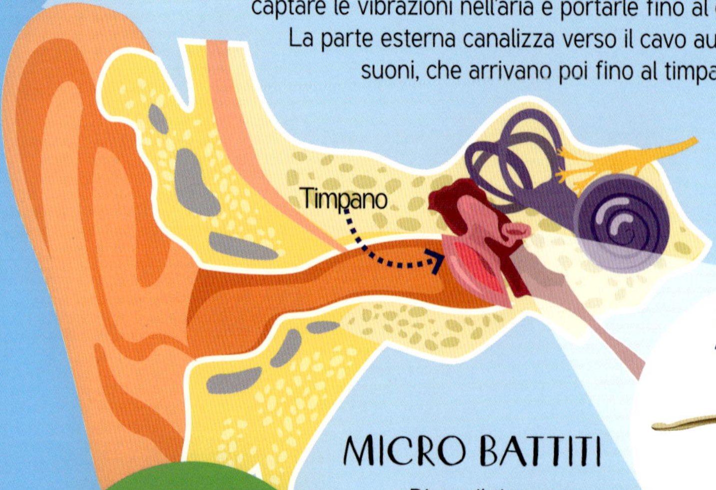

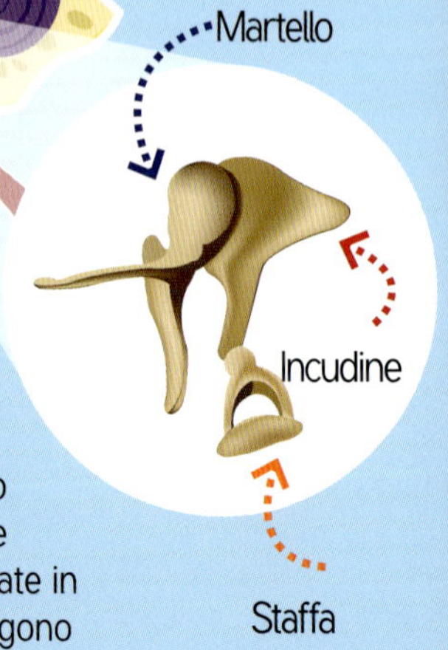

MICRO BATTITI

Dietro il timpano, nell'orecchio medio, tre piccole ossa trasmettono all'orecchio interno le vibrazioni, che, trasformate in impulsi nervosi, raggiungono il cervello.

La staffa si chiama così perché somiglia proprio a una staffa da equitazione. Misura 3x2,5 mm.

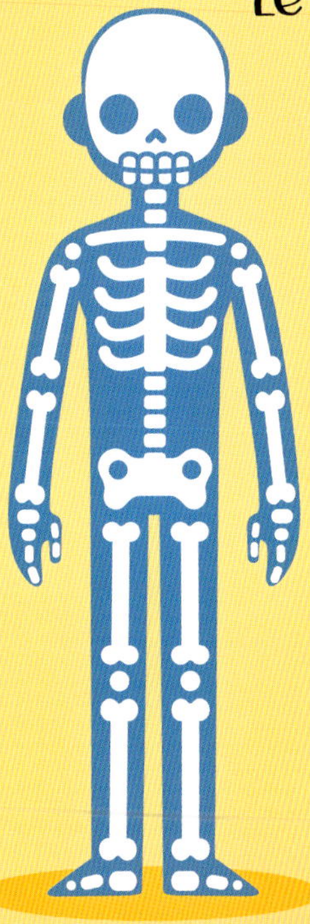

Le ossa sono quattro volte

PIÙ FORTI DEL CEMENTO

Le ossa sono fatte di uno dei materiali più resistenti conosciuti in natura.

COSE FORTI!

16 cm^3 d'osso possono sopportare, senza spezzarsi, un peso di 7,25 tonnellate – che è molto più del peso di 5 furgoni pick-up.

Stop!

Le ossa smettono di crescere durante la pubertà, ma la loro forza e la loro consistenza si modificano nel corso di tutta la vita.

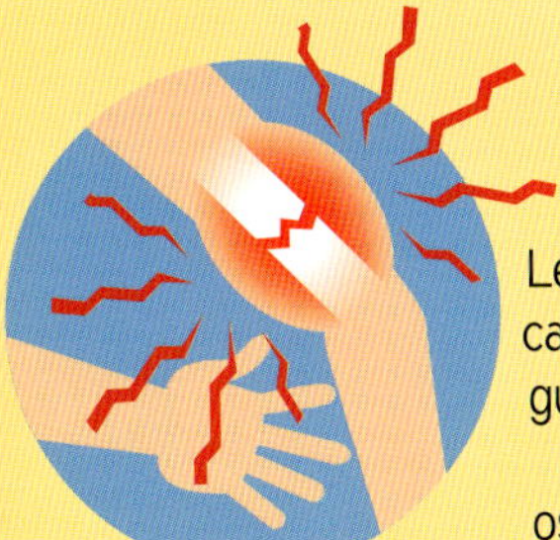

OSSA ROTTE

Le ossa rotte hanno la capacità di ricrescere e guarire da sole. Quelle del braccio sono le ossa che si fratturano più frequentemente.

I BAMBINI POSSONO NASCERE CON I DENTI

I bambini hanno solo le gengive alla nascita, ma talvolta possono nascere anche con un dentino.

Un sorriso diverso

Solitamente il primo dentino compare intorno ai sei mesi dalla nascita del bambino. Alcuni genitori, però, hanno potuto vedere i loro bimbi appena nati sorridere e mostrare loro un piccolo e bianco dentino. Ciò accade a un neonato su 2.000.

ENORME SORRISO

Il record per il maggior numero di denti avuti dalla nascita è di Sean Keaney, nato a Newbury, in Gran Bretagna, con 12 denti.

Lo smalto dei denti è il materiale più resistente del corpo.

HAI BEN DUE SERIE DI DENTI

I denti servono a mordere e masticare il cibo e sono vitali per la tua salute.

1. PICCOLI MORSI

I denti da latte crescono tra i quattro e i sette mesi di vita di un bambino. Entro i tre anni, molti bambini hanno una dentatura completa di 20 denti.

2. GRANDI MORSI

All'età di cinque o sei anni, i denti da latte iniziano a cadere, lasciando spazio a 32 denti da adulto. Questa sarà la tua dentatura definitiva, quindi abbine cura!

3. VECCHI E SAGGI?

Gli ultimi denti che nascono sono i cosiddetti denti del giudizio, tra i 17 e i 21 anni d'età.

IL CORPO UMANO HA 650 MUSCOLI

I muscoli sono le parti più pesanti del corpo.

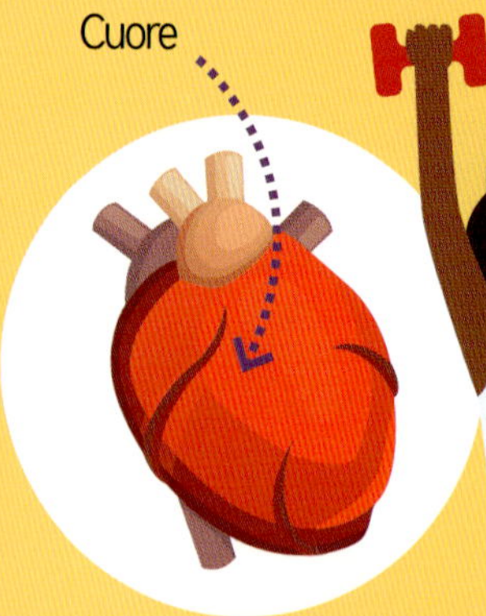

FORTI COLLABORAZIONI

I muscoli scheletrici lavorano in coppia per consentirti di muoverti. Sono collegati alle ossa attraverso dei tessuti connettivi chiamati tendini. Quando un muscolo si contrae (diventando più piccolo), spinge sul tendine collegato all'osso, che spinge a sua volta l'osso.

Super tonico

Il cuore è un muscolo, che batte circa 100.000 volte al giorno.

APERTO... CHIUSO!

Il muscolo più forte del tuo corpo è il massetere, che si occupa di far aprire e chiudere le mascelle.

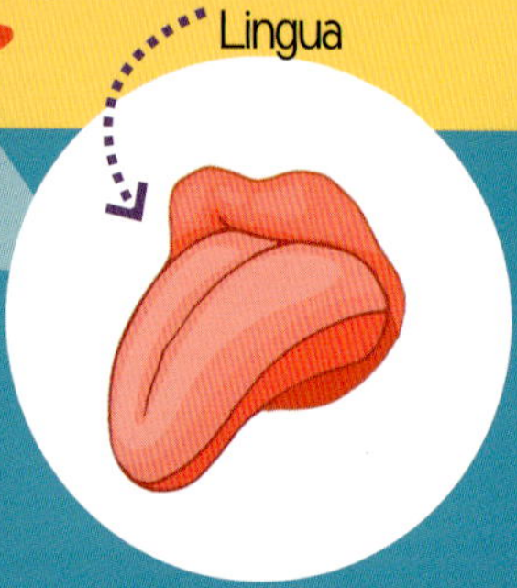

AMICI FLESSIBILI

La lingua è l'unico muscolo del corpo attaccato solo per un'estremità. È costituita da otto muscoli e si muove come la proboscide di un elefante.

Alcuni bambini sanno ruotare I PIEDI ALL'INDIETRO

Sei "ipermobile"?

Il termine medico per indicare questa capacità è "ipermobilità".

RIVOLTO ALL'INDIETRO

Non è insolito avere una o più articolazioni capaci di una maggiore ampiezza di movimento. Alcune persone riescono addirittura a spostare le loro articolazioni. Ciò consente loro movimenti molto strani. L'ipermobilità articolare si ha quando legamenti e tendini, che tengono al loro posto le articolazioni, sono lassi.

PIEDI FLESSIBILI

Il bambino inglese Maxwell Day è molto flessibile. È capace di ruotare i suoi piedi di 157 gradi - solo 23 gradi in meno che rivolgerli completamente all'indietro!

NOTIZIE DA DIGERIRE

Il tuo apparato digerente scompone bevande e cibi, trasformandoli in sostanze da utilizzare. Poi, si libera degli scarti.

La digestione inizia in bocca, con la masticazione e la saliva. Si produce circa 1 l di saliva al giorno.

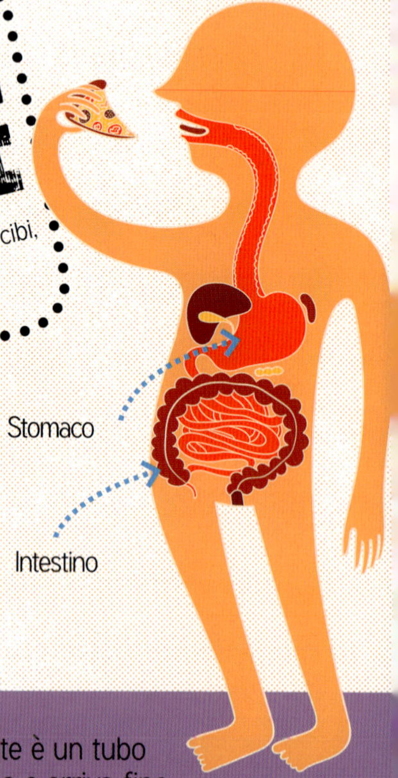

L'apparato digerente è un tubo che parte dalla bocca e arriva fino all'intestino. È lungo circa 10 m – quasi quanto uno scuolabus.

Nella tua pancia si trovano due intestini: l'intestino tenue e l'intestino crasso.

L'intestino tenue assorbe i nutrienti dai cibi. L'acqua invece viene assimilata dall'intestino crasso, prima che le sostanze di scarto lascino il tuo corpo.

Le sostanze chimiche rilasciate da fegato, pancreas e cistifellea trasformano cibo e bevande in nutrienti che il corpo può usare come carburante.

Gli intestini sono ricchi di batteri. I gas che rilasciano sono i responsabili delle tue puzzette!

Le superficie del tuo intestino tenue è 10 volte più estesa di quella della tua pelle.

Di solito il cibo ci mette dalle sei alle otto ore per attraversare il corpo.

Nel 2009, a Reggiolo, in Italia, Michele Forgione ha fatto un rutto da record durato 1 minuto e 13 secondi!

I VERMI SOLITARI POSSONO SOPRAVVIVERE NELL'UOMO PER 25 ANNI

Se ti si stringe lo stomaco, è normale... questa notizia è da brividi!

NEMICI INTERNI

Il corpo umano può essere la casa perfetta per alcune creature alquanto disgustose. Questi ospiti indesiderati variano da vermi che possono vivere nell'intestino e nutrirsi del cibo che viene ingerito, ad acari fastidiosi che possono vagare sulla pelle.

PARASSITI

Un parassita è un organismo che vive su un altro essere vivente o che da esso trae nutrimento senza alcun beneficio per chi lo ospita.

SUPER VERME

Il parassita più lungo del mondo è il verme solitario (tenia). Nel 1991, i medici tirarono fuori dal corpo di Sally Mae Wallace una tenia di 11 m.

Un uomo ha avuto il singhiozzo per 68 anni

Questa è... hic... la... hic... triste storia di Charles Osborne. Hic!

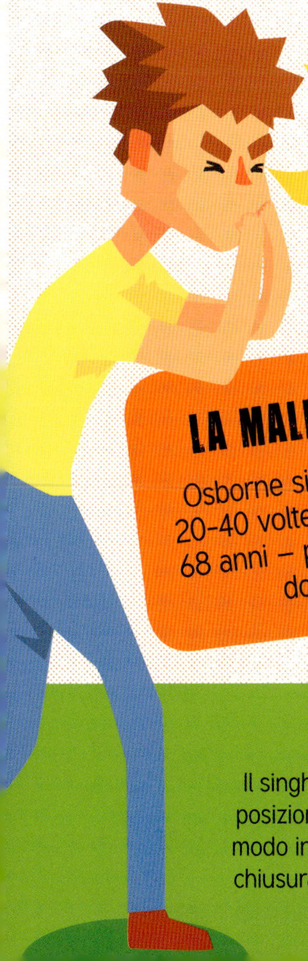

UN GIORNO ORRIBILE

Un giorno del 1922, l'agricoltore americano Charles Osborne iniziò a singhiozzare mentre sollevava un maiale: quello fu l'attacco di singhiozzo più lungo mai registrato.

LA MALEDIZIONE

Osborne singhiozzò per 20-40 volte al minuto per 68 anni – persino mentre dormiva!

GRADITO RESPIRO

Il singhiozzo di Osborne sparì misteriosamente un anno prima della sua morte.

COS'È IL SINGHIOZZO?

Il singhiozzo inizia quando il diaframma - un muscolo sottile posizionato sotto i polmoni - si contrae improvvisamente e in modo incontrollato. Il respiro diventa brusco ed è seguito dalla chiusura delle corde vocali, che causa il classico e acuto "hic!"

POTRESTI RIEMPIRE UN'AUTOBOTTE CON LA PIPÌ

Per fortuna che esiste!

MEDAGLIA D'ORO

A seconda di quanto bevi puoi essere in grado di produrre 1.5 l di urina al giorno. Abbastanza per riempire 6 vasche da bagno e mezzo ogni anno.

IL PIENO!

In una vita intera è possibile produrre 36.000 l di urina. Non abbastanza per riempire una piscina olimpionica, ma abbastanza per riempire un'autobotte.

IN ROSA

Mangiare rape rosse può far diventare rosa la pipì.

LE PUZZETTE DI UNA VITA POSSONO RIEMPIRE PIÙ DI 2.000 PALLONI DA CALCIO

Le fai circa 14 volte al giorno!

UN VERO SOFFIO!

Con le sue puzzette, il francese Joseph Pujol era in grado di spegnere le candele a molti passi di distanza.

Ragazze e ragazzi fanno almeno 500 ml di peti al giorno. 180 l in un anno!

L'ORGANO PIÙ ESTESO NON È "DENTRO" IL CORPO

Pensavi fosse il fegato? Pensaci meglio!

LA PELLE,
CONTENITORE ELASTICO

Dato che ricopre il tuo corpo, la pelle è l'organo più esteso. Oltre a contenere il tuo bel pacchetto di cellule, ti protegge da urti e botte e tiene lontane le infezioni. La pelle gioca un ruolo cruciale anche nel riscaldarti.

La pelle di un adulto pesa circa 3,6 kg.

DAL VECCHIO AL NUOVO

Nello strato che si trova alla base della pelle, le cellule si dividono costantemente, formando delle copie di se stesse e, man mano, le vecchie cellule si muovono verso la superficie. La tua pelle si rinnova ogni mese.

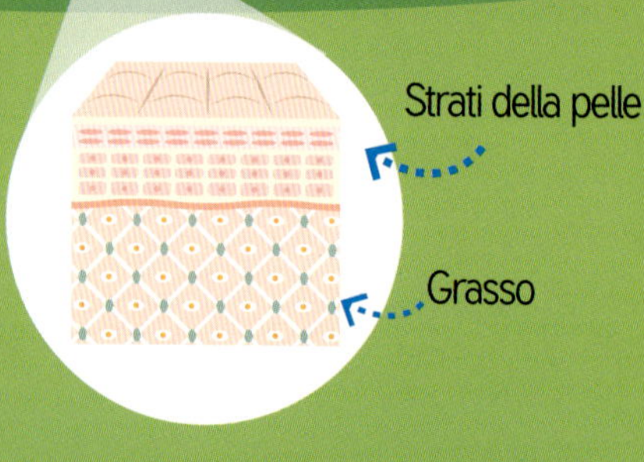

C'È CHI RIESCE A TRATTENERE IL RESPIRO PER 20 MINUTI

Senza un allenamento specifico, si può stare in apnea per circa 90 secondi.

GIÙ, GIÙ, GIÙ!

I mammiferi sono dotati di un riflesso d'immersione che si innesca quando la testa va sott'acqua. Il battito del cuore rallenta e il sangue, dagli arti, viene dirottato verso testa e petto.

Gare di apnea

Lo spagnolo Aleix Segura Vendrell detiene il record mondiale di apnea. Il 28 febbraio 2016, ha trattenuto il respiro per 24 minuti e 3 secondi. Prima di iniziare, aveva respirato ossigeno puro.

L'IMMERSIONE PIÙ PROFONDA

Nel 2016 Alexei Molchanov, senza bombole d'ossigeno (ma con le pinne), ha raggiunto i 129 m di profondità.

Se un uomo non si rade,

LA BARBA PUÒ ESSERE DUE VOLTE IL SUO PESO

I baffi possono avere una lunghezza massima?

BARBA SELVAGGIA

Il record per la barba più lunga di un uomo vivente va a Sarwan Singh, canadese. Dal mento alla punta della barba, i suoi peli hanno raggiunto la lunghezza di 2,495 m.

IPERBARBUTO

La barba di Singh non è nulla se paragonata a quella di Hans N. Langseth (1845-1927). Era conosciuto per i suoi 5,33 m di barba, che attorcigliava intorno a un torsolo di pannocchia e che metteva in una borsa!

AL FEMMINILE

Il record per la barba più lunga in una donna è di Vivian Wheeler, la cui barba misura addirittura 25.5 cm.

HAI DELLE STRANE BESTIOLINE SULLA FACCIA

Ciglia e sopracciglia sono la casa di minuscoli acari a otto zampe.

IN COMPAGNIA

Ti presentiamo il demodex. Questa creaturina vive sulla tua faccia. È lunga 0,3 mm e sembra un mini-dito con delle tozze zampette su una delle estremità. I demodex non hanno peli e si nascondono a testa in giù nei follicololi, cibandosi beatamente degli oli che lì vengono prodotti. Durante la notte ritornano su per incontrarsi con gli altri piccoli acari.

NON IO!

Ci dispiace, ma recenti studi hanno dimostrato che il 100% degli adulti ha il DNA di questi acari sulla faccia!

IL TUO CUSCINO È PIENO DI BATTERI E MICROBI

Cosa si nasconde sotto le tue linde e fresche federe?

Roba da incubo

Gli scienziati hanno calcolato che, dopo due anni, il peso di un terzo dei nostri cuscini è costituito da cellule morte, acari della polvere e dai loro escrementi. Sogni d'oro!

A PEZZI

Le cellule più vecchie che si trovano negli strati superficiali della pelle si sgretolano continuamente. In un solo minuto, circa 30.000-40.000 cellule di pelle cadono dal tuo corpo (quasi 4 kg di pelle morta ogni anno)!

Acaro della polvere

Quando arrossisci, LO FA ANCHE IL TUO STOMACO

L'imbarazzo colpisce la pancia.

AFFLUSSO DI SANGUE

"Arrossire" significa prendere un colorito più rosso sulle guance, generalmente, quando si è imbarazzati. Questa reazione è legata alle risposte del cervello allo stress. Anche se una situazione di "vergogna" non è pericolosa, il corpo reagisce come se lo fosse e rilascia una sostanza chimica chiamata adrenalina. Essa fa dilatare i vasi sanguigni, portando più ossigeno alle cellule, come quando si corre. Con più sangue in circolo, la pelle diventa più rossa.

PANCIA ROSSA

Quando il calore divampa sulle guance, sappi che accade anche nello stomaco. Essendo irrorato da tanti piccoli vasi sanguigni, l'adrenalina ha su di esso lo stesso effetto.

CERVELLO BRILLANTE

Il cervello occupa appena un quinto del tuo peso, ma consuma più di un quinto della tua energia.

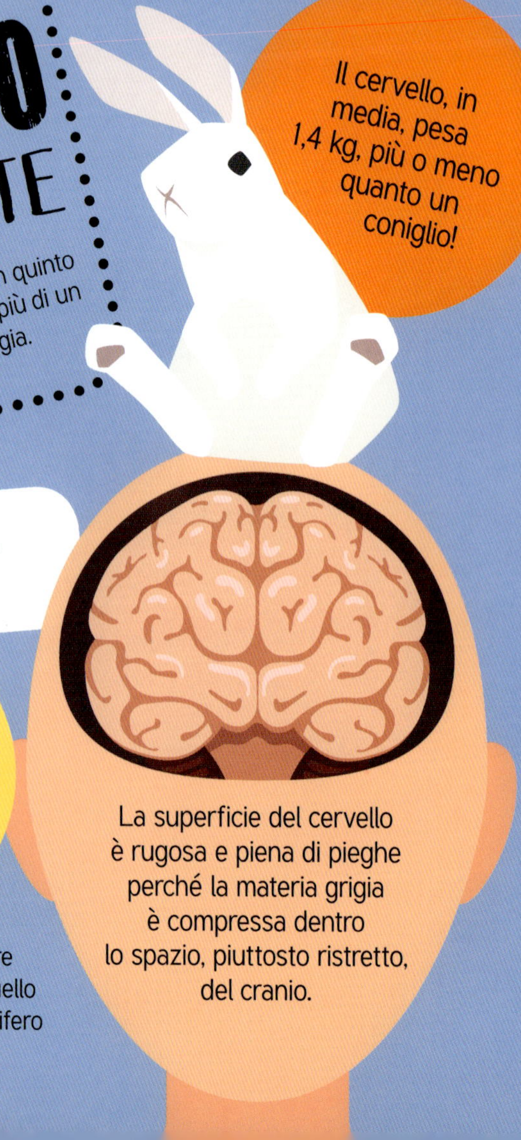

Il cervello, in media, pesa 1,4 kg, più o meno quanto un coniglio!

Il cervello ha quasi la stessa consistenza del tofu.

Nonostante lo strato più esterno del cervello sia spesso solo 2 mm, se lo stendessimo su un piano, sarebbe grande quanto la federa di un cuscino.

La superficie del cervello è rugosa e piena di pieghe perché la materia grigia è compressa dentro lo spazio, piuttosto ristretto, del cranio.

Il cervello umano è oltre tre volte più grande di quello di qualunque altro mammifero della stessa taglia.

Il cervello emette impulsi elettrici, e produce la stessa energia di una lampadina da 12 watt.

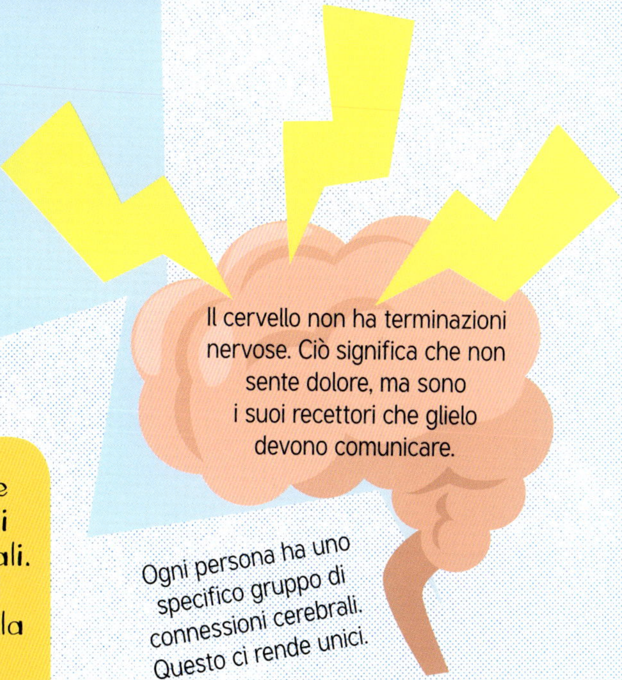

Il cervello non ha terminazioni nervose. Ciò significa che non sente dolore, ma sono i suoi recettori che glielo devono comunicare.

Il cervello contiene quasi 200 bilioni di connessioni cerebrali. Circa mille volte il numero di stelle della Via Lattea.

Ogni persona ha uno specifico gruppo di connessioni cerebrali. Questo ci rende unici.

Se si srotolassero i miliardi di sottilissimi nervi che attraversano il cervello, ci si potrebbe avvolgere tutto il pianeta, quattro volte.

HAI CIRCA 75 km
DI NERVI NEL TUO CORPO

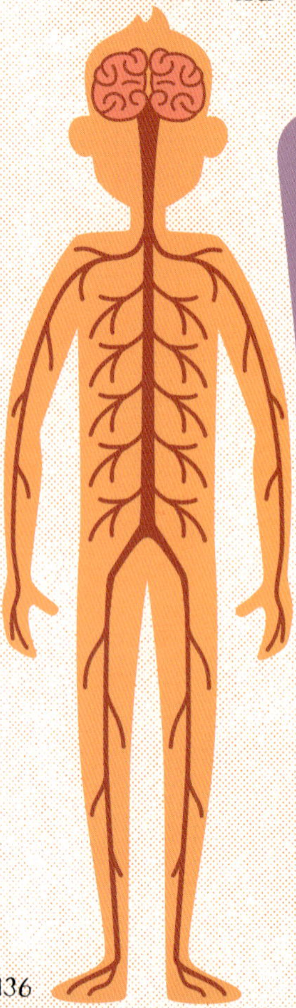

RETE NERVOSA

I nervi trasmettono continuamente impulsi elettrici e chimici, diffondendo i messaggi che il corpo invia da una parte all'altra. Forniscono al cervello informazioni sul mondo esterno e sulle condizioni interne del corpo. Inoltre, controllano i muscoli e tutti i processi fisiologici più importanti.

PELLE SENSIBILE

Le parti più sensibili del tuo corpo si trovano dove ci sono più terminazioni nervose. Una sezione di pelle della grandezza di un pollice ne contiene 50!

Il cervello contiene 100 miliardi di microscopiche cellule nervose.

Gli impulsi nervosi sono più veloci DI UNA MACCHINA DA CORSA

Il tuo corpo sa bene come spedire velocemente i messaggi!

VELOCITÀ SUPER

I nervi operano con velocità differenti. Le fibre nervose più veloci trasmettono i messaggi a 400 km/h – quindi, sono più veloci di una macchina da corsa.

Nati per correre

Le fibre nervose più veloci "trasportano" i riflessi. Sono ricoperte di una sostanza grassa chiamata mielina e trasmettono gli impulsi 20 volte più velocemente di ogni altro nervo. Trasmettono le sensazioni di pressione e dolore. Evitano, quindi, che tu possa farti male.

CRESCI E CORRI

A partire dal tuo quarto anno di età, i nervi raggiungono la massima velocità di trasmissione. Per neonati e i lattanti, la velocità è dimezzata.

UNA DONNA HA STARNUTITO PER 976 GIORNI

Questo getto d'aria serve a eliminare fastidi dal naso.

Luci molto luminose fanno starnutire una persona su cinque.

PERCHÉ STARNUTISCI?

Gli starnuti mantengono pulite le tue vie respiratorie. Quando qualcosa infastidisce le narici, il corpo rilascia una sostanza chimica chiamata istamina. Essa provoca l'inconfondibile solletico al naso che non si ferma se non dopo un sonoro starnuto.

Ecciù! Ecciù!

Capita spesso di fare 2-3 starnuti di seguito. Ciò accade quando lo starnuto non riesce a far espellere subito la causa dell'irritazione dal naso. Gli starnuti multipli sono molto comuni in caso di allergia.

UN COLPO DI TOSSE GETTA 3.000 GOCCE DI SALIVA FUORI DALLA BOCCA

Che forza ha la tosse!

Un colpo di tosse, in media, riesce a riempire d'aria una bottiglia da 1,5 l.

Copriti la bocca!

L'aria schizzata dai polmoni ha un getto lungo circa 1 m. Trasporta migliaia di minuscole gocce di saliva, quindi non è certo una sorpresa che tossire diffonda i germi.

LA TOSSE:

- Inspirazione profonda.
- L'aria viene compressa nei polmoni.
- Uno scoppio improvviso, mentre i muscoli del torace spingono fuori l'aria in meno di un secondo.

LA LINGUA HA CIRCA 10.000 PAPILLE GUSTATIVE

La maggior parte si trova sulla sua punta.

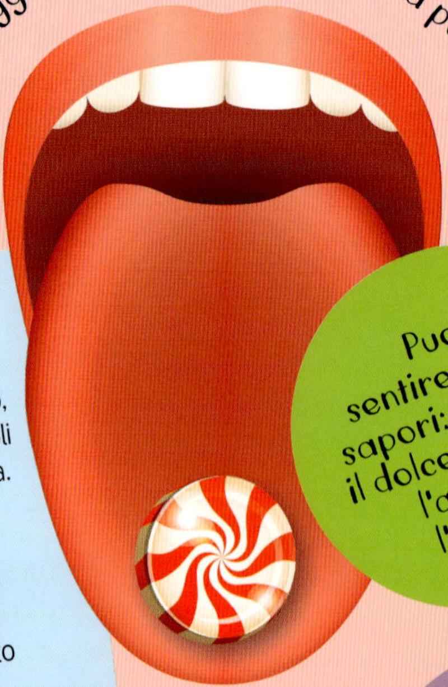

IL GUSTO

Le papille gustative, invisibili all'occhio umano, sono raggrupate in piccoli rigonfiamenti nella lingua. Ogni papilla ha dai 50 ai 150 recettori, che trasmettono segnali nervosi e, quindi, la sensazione del gusto al tuo cervello.

Puoi sentire solo 5 sapori: l'amaro, il dolce, il salato, l'aspro e l'umami.

LINGUA LUNGA

Il californiano Nick Stoeberl è l'orgoglioso proprietario della lingua più lunga del mondo, che misura 10,1 cm.

Ci sono papille gustative sul palato, nella gola, nell'esofago e persino nell'intestino.

CI SONO PIÙ MICROBI NELLA TUA BOCCA CHE PERSONE SULLA TERRA

I microbi amano la tua bocca!

CASA DOLCE CASA

La tua bocca pullula di batteri. Ovvio, è piena di cibo appetitoso, acqua e una temperatura costante di 36.5 °C.

Ogni persona può avere in bocca quasi 200-300 specie di microbi. In tutto, gli scienziati ne hanno identificati 615 tipi differenti nella bocca degli esseri umani.

LAVA I DENTI!

Una sola goccia di saliva contiene 100 milioni di microbi. A seconda dell'individuo – e di quante volte al giorno lava i denti – ci possono essere da 100.000 a 1 miliardo di batteri su ogni dente.

I TUOI OCCHI VEDONO LE COSE SOTTOSOPRA

Le lenti dei tuoi occhi capovolgono le immagini.

MONDO CAPOVOLTO

Quando la luce passa attraverso le lenti curve che si trovano sugli occhi, esse capovolgono l'immagine e la trasmettono alle cellule fotorecettive che si trovano sulla parte posteriore dell'occhio (la retina).

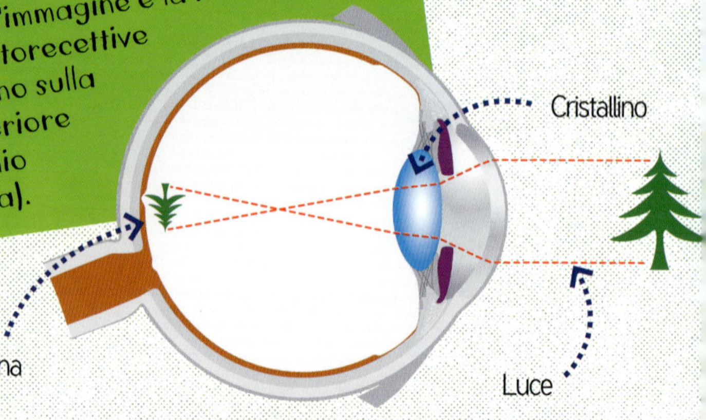

PERCHÉ IL MONDO NON SEMBRA SOTTOSOPRA?

Lo psicologo George Stratton lo provò negli anni '90 dell'Ottocento, indossando delle lenti che gli capovolgevano la vista. Per quattro giorni continuò a vedere il mondo sottosopra, ma, al quinto, il mondo tornò nel verso giusto! Il cervello sa come rimettere a posto un'immagine capovolta.

OGNI UOMO HA UN PUNTO CIECO

La tua visione è a metà.

TROVA IL TUO PUNTO CIECO

1 Piega a metà un pezzo di carta.

2 Disegna una piccola "X" sul suo lato destro, a 6 cm dalla piega.

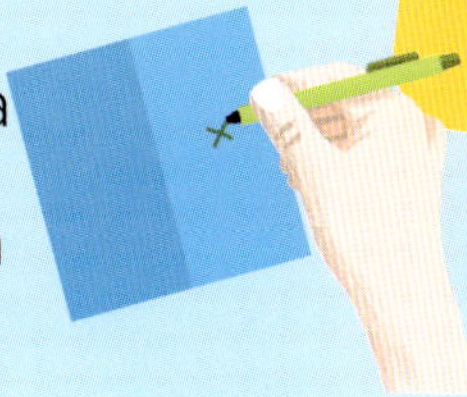

3 Disegna un puntino sul lato sinistro, a 6 cm dalla piega.

4 Tieni il foglietto di fronte a te e chiudi l'occhio destro...

5 Concentra lo sguardo sul punto e allontana il foglietto. La "X" scomparirà magicamente!

VISTA A METÀ!

Le cellule fotorecettive rivestono l'interno dell'occhio e mandano informazioni al cervello attraverso il nervo ottico. Non ci sono però sensori di luce dove il nervo è collegato all'occhio. Il cervello, quindi, deve intuire cosa c'è basandosi l'area circostante.

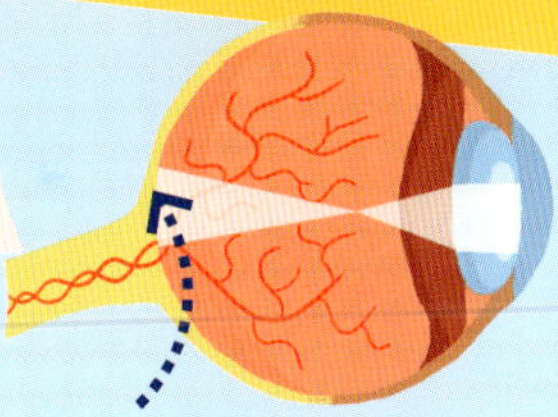

LE TUE ORECCHIE SI AUTOPULISCONO

Non avresti bisogno di pulirle in altro modo.

UN TESORO APPICCICOSO

Le orecchie producono una sorta di cera gialla. Questa cosa lucida e appiccicosa impedisce alla pelle del tuo canale auricolare di seccarsi, contrasta le infezioni e protegge il timpano. Inoltre, blocca ciò che potrebbe dare fastidio all'orecchio, come polvere e sporco.

VIVA LE ORECCHIE!

Non hai bisogno di eliminare il cerume. Ogni movimento della mascella muove il cerume verso l'esterno delle orecchie. Di solito, quindi, il cerume cade naturalmente o viene lavato via.

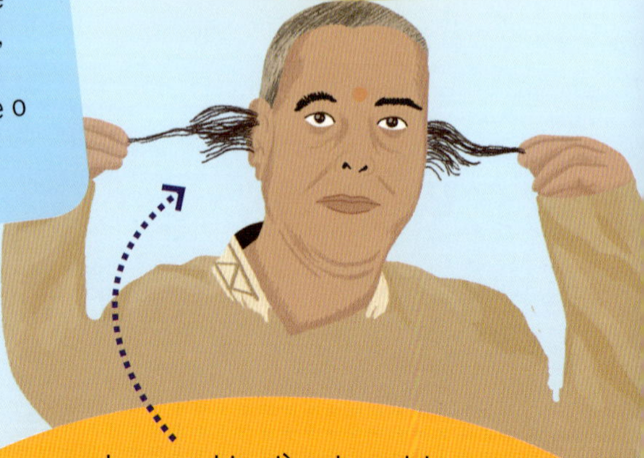

Le orecchie più pelose del mondo appartengono all'indiano Radhakant Bajpai. I suoi ciuffetti misurano 13,2 cm.

LE ORECCHIE TI AIUTANO A MANTENERE L'EQUILIBRIO

Pensavi che servissero solo per sentire?!

UN TORTUOSO LABIRINTO

In fondo al tuo orecchio, si trova uno strano organo a chiocciola, la coclea, che ti aiuta a mantenere l'equilibrio. La spirale della coclea è piena di fluido; sopra, ci sono tre anelli, chiamati canali semicircolari, anche questi pieni di liquido. Essi comunicano al cervello qual è la posizione della tua testa. I movimenti dei fluidi all'interno del canale a spirale indicano al cervello se ti stai muovendo.

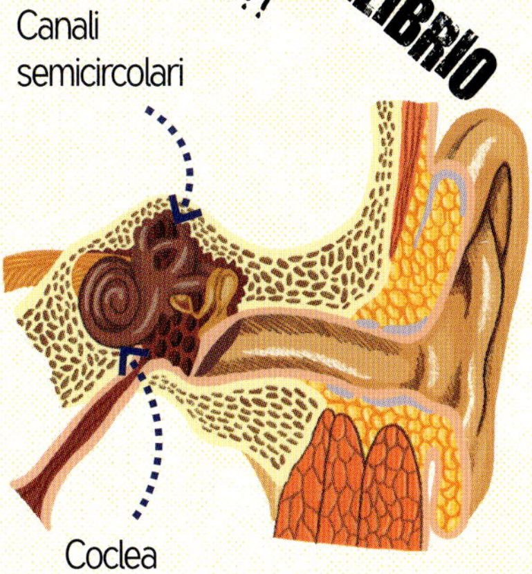

ORECCHIE FORZUTE!

Manjit Singh ha le orecchie più forti del mondo. Quest'uomo e riuscito a tirare con le orecchie un aereo da trasporto passeggeri da 6,8 tonnellate per ben 4 m.

I MANCINI SONO PIÙ BRAVI NELLO SPORT

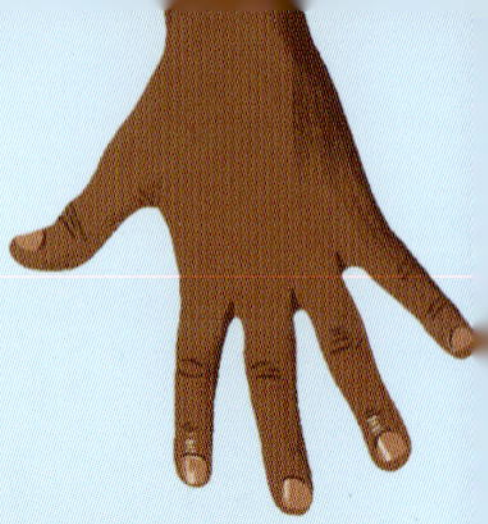

La spiegazione è che i destrimani sono più numerosi.

SUCCESSO MANCINO

La preferenza nell'uso di una mano rispetto all'altra è un tratto caratterizzante degli esseri umani. Circa il 90% della popolazione mondiale è destrimane; solo il 10% è composto da mancini. Ciò significa che, nello sport, i mancini fanno più pratica per misurarsi con i destri, mentre i destrimani si scontrano con i mancini molto più raramente. Questo dà un vantaggio ai mancini, e forse spiega molti dei loro successi sportivi.

NIENTE DI SINISTRO...

La parola "sinistro" ha la stessa origine di "sinistra".

I CORRIDORI PIÙ VELOCI HANNO LE DITA DEI PIEDI PIÙ LUNGHE

Dita più lunghe aiutano gli atleti a scattare con più energia.

IL TEMPO DI UN TOCCO

Quando raggiunge la velocità massima, il piede di un velocista tocca terra per meno di 0,1 secondi.

Nel 2008, alla finale olimpica dei 100 m, Usain Bolt gareggiò con una scarpa slacciata... fissando comunque un nuovo record mondiale!

FALCATA GIGANTE

Usain Bolt è la persona più veloce del pianeta. Alla massima velocità, la sua falcata è di 2,5 m. Riesce a fare più di 100 m con solo 41 passi.

È ORA DI FARE GLI ADULTI

Ogni secondo, nel mondo, nascono quattro bambini.

Quando tua madre è nata portava già in sé la cellula uovo da cui saresti nato tu.

In media, entro il primo compleanno, bambini e bambine triplicano il loro peso.

Se continuassi a crescere con lo stesso ritmo del tuo primo anno di vita, all'età di 20 anni saresti un gigante di 7,5 m e di 140 kg!

All'età di sei anni il tuo cervello è quasi del tutto sviluppato.

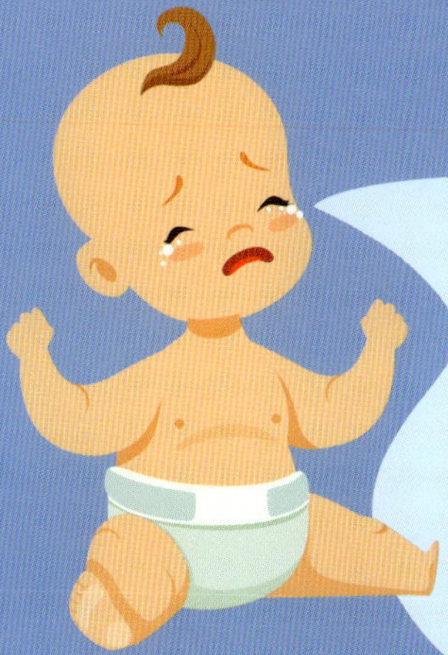

Sia i ragazzini che le ragazzine diventano più pelosi durante la pubertà.

I neonati non riescono a emettere lacrime finché non raggiungono gli 8 mesi.

Il cervello dei bambini ha più connessioni nervose di quello di un adulto.

Crescendo, la tua pelle produrrà più sebo, quindi ti spunteranno più brufoli.

L'usura dei cuscinetti di cartilagine che si trovano in corrispondenza delle articolazioni delle gambe e della schiena ti farà perdere 5 cm d'altezza entro i 70 anni.

UN BAMBINO SU CINQUE È NOTTAMBULO

Nessuno conosce la causa del nottambulismo!

PASSEGGIATA NOTTURNA

Il nottambulismo consiste nello stare seduti o andare in giro mentre si è profondamente addormentati.

Chi ne soffre non cammina davvero con le braccia davanti a sé, come uno zombi! Si assume solo un'espressione assente.

SVEGLIARE O NON SVEGLIARE?

I nottambuli possono mettersi in pericolo, ma si pensa che non sia opportuno svegliarli. Non preoccuparti: svegliare un nottambulo non gli procurerà un attacco di cuore. Forse, la cosa migliore da fare è riportarlo a letto.
La mattina dopo non ricorderà nulla!

Fai 2.000 SOGNI ALL'ANNO

Queste esperienze misteriose non sono altro che il frutto dell'accensione casuale delle cellule del tuo cervello mentre schiacci un pisolino.

Passiamo un terzo della nostra vita dormendo. In una vita intera, in media, si tratta di circa 25 anni di pennichelle.

SOGNI D'ORO

È possibile fare cinque/sei sogni a notte, spesso già dimenticati al momento del risveglio. Nessuno sa davvero cosa causi i sogni o perché si facciano.

IL MONDO DEI SOGNI

Trovarci in un nuovo ambiente ci porta a svegliarci più spesso, rendendoci più semplice ricordare i sogni. Per questo abbiamo la sensazione di sognare di più quando siamo in viaggio.

È LA CHIMICA
A CONTROLLARE LE EMOZIONI

L'EMOTIVITÀ

Quando ti senti felice, triste, arrabbiato o stai per piangere, stai provando delle emozioni, brevi attività mentali che ti portano a reagire a situazioni. La rabbia o la paura ti fanno battere il cuore all'impazzata, fanno confluire il sangue verso gli organi più importanti e ti rendono pronto a combattere o fuggire. I messaggeri chimici chiamati ormoni fluiscono nel sangue per organizzare la risposta del corpo.

Ci sono sei emozioni di base negli esseri umani. In ogni parte del mondo le persono sono in grado di riconoscere uno sguardo di rabbia, disgusto, paura, felicità, tristezza o sorpresa.

NESSUNO SA PERCHÉ RIDIAMO

Spesso si ride quando qualcosa ci coglie alla sprovvista, ma gli scienziati non sanno perché!

I bambini ridono quasi il triplo degli adulti.

CHE RIDERE!

Gli umani non sono i soli animali a ridere. Anche gli scimpanzé e i ratti emettono versi acuti di "divertimento" se vengono solleticati!

FATTI UNA RISATA!

Il solletico, uno scherzo o una chiacchierata possono causare nell'uomo una reazione molto strana: spasmi spontanei del diaframma che fanno sussultare, ridacchiare o ridere fragorosamente!

TUTTO È FATTO DI ATOMI

Gli atomi sono la componente principale di tutto ciò che ti circonda.

LA MATERIA

Gli atomi sono particelle di materia. Invisibili a tutti ma non ai più potenti microscopi elettronici, queste minuscole unità si agitano, si spostano continuamente e si uniscono, dando forma a tutto ciò che esiste nel nostro mondo.

IDEA ATOMICA

L'antico filosofo greco Democrito fu il primo a teorizzare l'esistenza degli atomi, che, però, furono scoperti solo nel XX secolo.

Nel corpo umano ci sono 7 milioni di miliardi di bilioni di atomi!

GLI ATOMI SONO PIENI DI SPAZIO VUOTO

Il 99,9% della massa di un atomo è nel nucleo.

UN MINI SISTEMA SOLARE

Gli atomi sono costituiti da tre tipi di minuscole particelle: i protoni, carichi positivamente, i neutroni, a carica neutra, e gli elettroni carichi negativamente. I protoni e i neutroni si trovano nel nucleo dell'atomo, pressati in uno spazio strettissimo. Attratti dal nucleo positivo, gli elettroni gli orbitano intorno. Nonostante questa immagine non sia accurata al 100%, è un modo verosimile per rappresentare un atomo.

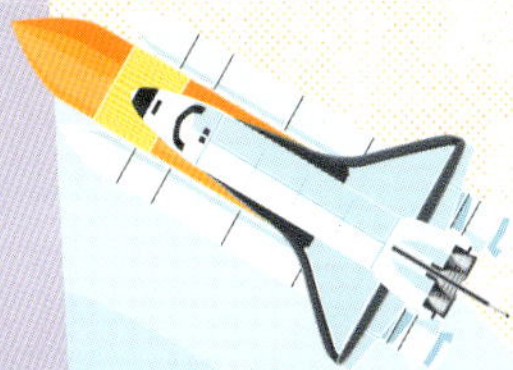

Il numero di protoni determina il tipo di atomo o di "elemento".

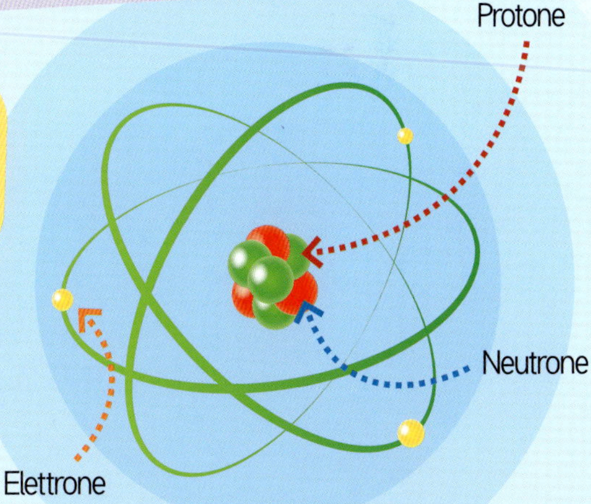

Il numero di protoni e di elettroni, in genere, si compensa, in modo che un atomo non abbia una carica prevalente.

GLI ELETTRONI DETERMINANO LA CHIMICA

Le nuove sostanze nascono dalla combinazione degli atomi.

LIBERI E SEMPLICI

Protoni e neutroni si trovano nel nucleo dell'atomo. Strettamente legati tra loro, possono essere separati solo da un'energia potentissima, come quella generata dalle reazioni nucleari. I legami degli elettroni con gli atomi sono meno forti. Queste particelle saltano da un atomo all'altro, si staccano o vagano liberi. Gli atomi si legano tra loro scambiando o condividendo elettroni. Quando gli atomi si uniscono sono chiamati molecole.

Centrale nucleare

LA BARZELLETTA CHIMICA

ATOMO 1
Sei sicuro di aver perso un elettrone?

ATOMO 2
Certo! Sono risultato positivo.

200 miliardi di atomi del tuo corpo

APPARTENGONO A SHAKESPEARE

William Shakespeare

ESSERE O NON ESSERE?

Gli atomi non muoiono, ma le persone sì. La Natura riutilizza ogni singolo atomo del tuo corpo. E ce ne sono tantissimi che girano per il mondo, che entrano ed escono (eh... sì) dai corpi durante la vita. Comunque, se possiedi qualche atomo del corpo di Shakespeare, non significa che tu ne abbia ereditato il genio!

STORIA ATOMICA

Potresti avere non solo gli atomi di Shakespeare, ma anche miliardi di quelli di Evita, Elvis Presley, Emmeline Pankhurst, Einstein, Cleopatra e Caligola.

Cleopatra

Albert Einstein

ELEMENTI CHIMICI

Ci sono 118 tipi di atomi chiamati "elementi".

Il Sole brucia 620 milioni di tonnellate di idrogeno al secondo.

L'astato è il più raro elemento chimico trovato in natura: ne esistono solo 30 g sulla crosta terrestre.

Insieme, l'idrogeno e l'elio costituiscono il 98% della materia dell'universo.

L'osmio e l'iridio sono due metalli pesanti. Pesano il doppio del piombo!

Gli elementi più reattivi sono il fluoro e il francio.

A 27 milioni di dollari al grammo, il californio è l'elemento più costoso.

Il mercurio è il solo metallo che, a temperatura ambiente, si trova allo stato liquido.

Solo 92 elementi sono naturalmente presenti sulla Terra.

Gli atomi di idrogeno si sono formati durante il Big Bang, quindi hanno 13,8 miliardi di anni!

LA J È L'UNICA LETTERA A NON ESSERE MAI APPARSA SULLA TAVOLA PERIODICA

La tavola periodica è molto più che una lista di elementi chimici.

FAMIGLIE FELICI

Lo scienziato russo Dmitri Mendeleev concepì la tavola periodica nel 1869. Si trattava di un modo per organizzare tutti gli elementi chimici conosciuti in gruppi che condividessero le stesse proprietà. I chimici usano questa tavola per individuare i tipi di reazione a cui un elemento può andare incontro e i vari composti che possono formarsi.

Dmitri Mendeleev

SIMBOLI

Ogni elemento chimico ha un simbolo. H sta per idrogeno, il primo elemento della tavola.

Da quando l'elemento 114 ("ununquandio") è stato rinominato flerovio (Fl), nel 2012, la lettera Q è scomparsa dalla tavola periodica.

UNA SOLA PERSONA HA POTUTO SCRIVERE IL SUO INDIRIZZO CON GLI ELEMENTI CHIMICI

Il chimico americano Glenn T. Seaborg è la sola persona che abbia avuto in vita il nome di un elemento chimico a lui dedicato.

CACCIATORE DI ELEMENTI

Glenn Seaborg ha scoperto ben 10 elementi chimici. Quando lavorava nei laboratori di Lawrence Livermore all'Università della California, a Berkeley, avresti potuto indirizzargli una cartolina usando solo i nomi di elementi chimici.

ALCUNI METALLI ESPLODONO A CONTATTO CON L'ACQUA

Il gruppo 1 della tavola periodica comprende i metalli più reattivi.

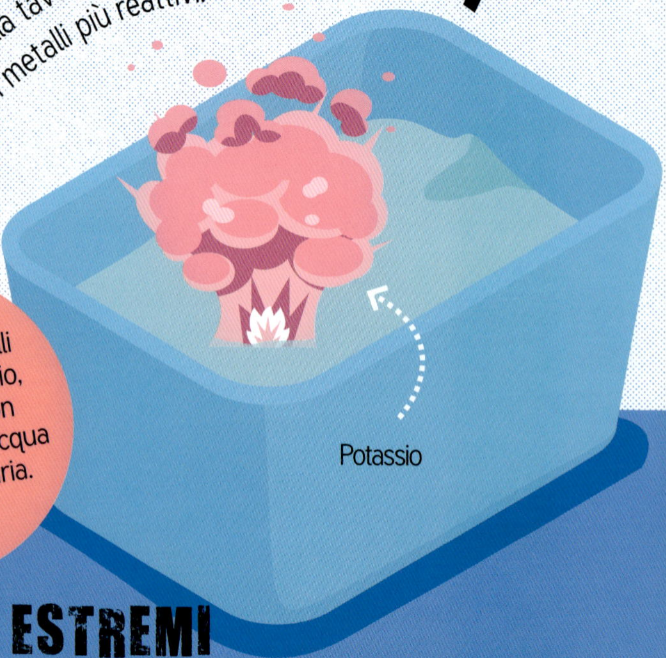

Il gruppo 1 è formato da metalli conservati sott'olio, in modo che non reagiscano con l'acqua contenuta nell'aria.

METALLI ESTREMI

Se fai gocciolare una piccola quantità di litio nell'acqua, questo metallo crea delle bolle sulla superficie. L'idrogeno inizia invece a scoppiettare, emettendo un sibilo e da una piccola scintilla prende fuoco, producendo una fiamma rossa. La reazione con il potassio è ancora più evidente: fa addirittura "BANG!" originando una piccola fiamma lilla. La reazione più potente, però, è quella con il cesio.

PIÙ DEI TRE QUARTI DEGLI ELEMENTI SONO METALLI

La maggior parte della materia è metallica.

MATERIA METALLICA

I metalli sono materiali che riflettono la luce. Sono dei buoni conduttori di calore ed elettricità a causa del modo in cui i loro atomi si legano insieme. Gli elettroni esterni a ogni atomo sono liberi di vagare all'interno del materiale. Questa caratteristica li rende anche molto resistenti, ma flessibili.

Il rame e l'oro sono particolari, perché, a differenza degli altri metalli, non sono grigi o color argento.

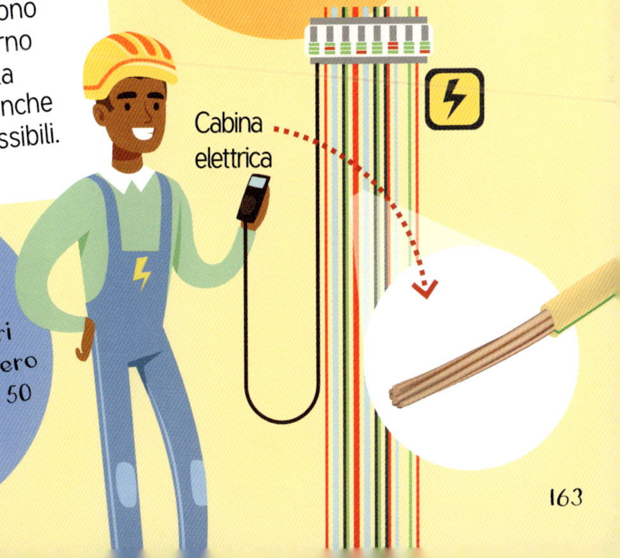

Se con tutto il ferro contenuto nel nucleo terrestre si facessero dei binari ferroviari essi potrebbero fare il giro del mondo 50 miliardi di volte.

Tutto l'oro estratto nella storia potrebbe STARE DENTRO UN CUBO ALTO 21 M

L'oro è un metallo molto raro nella crosta terrestre.

IL RE DEI METALLI

Luminoso e brillante, l'oro è un metallo per cui la gente va pazza. Visto che è potenzialmente indistruttibile, tutto l'oro estratto finora sulla Terra esiste ancora – sebbene gran parte di esso si trovi nei caveau delle banche.

DAVVERO?

La più grande quantità d'oro conservata in un unico luogo conta 550.000 lingotti. Questo tesoro si trova nel caveau della Federal Reserve Bank, sotto la metropolitana di New York. Il valore di una tale quantità d'oro supera i 200 miliardi di dollari.

IL PRIMO ELEMENTO È STATO SCOPERTO FACENDO BOLLIRE LA PIPÌ

Era il XVII secolo.

Ecco Hennig Brand, un alchimista tedesco che dedicò la sua vita alla ricerca della pietra filosofale. Questa mitica sostanza doveva essere in grado di trasformare qualunque metallo in oro. Hennig ritenne che, forse, era più importante studiare il color oro...

... e scelse la pipì umana. No, non sappiamo bene il perché, ma mise a bollire 50 tini di urina finché ottenne uno sciroppo. I puzzolenti esperimenti di Hennig Brand portarono alla scoperta del fosforo, un nuovo elemento che prese fuoco a contatto con l'aria. Non si trattava di certo della pietra filosofale.

Di certo non dimenticherai più che il fosforo si indica con la lettera "P"!

IL CARBONIO È L'ELEMENTO PIÙ VERSATILE

C'è qualcosa di speciale nel quarto elemento più diffuso al mondo.

UTILITÀ

Il carbonio è molto utile, anche in combinazione con altri elementi. Sfruttandolo, infatti, si possono ottenere un gran numero di materiali. I materiali plastici e i derivati del petrolio sono tutti composti del carbonio! Esso viene anche aggiunto all'acciaio, per renderlo più duro, alle resine, per renderle più leggere, ai composti in fibra di carbonio per renderli più forti.

ELEMENTO ESSENZIALE

Ogni tipo di vita conosciuto, dai microbi alle balene, si basa sulla chimica del carbonio. Anche il nostro corpo nasce da molecole costruite intorno a catene di carbonio.

Conosciamo più di 10 milioni di composti di carbonio.

In media, una matita **POTREBBE DISEGNARE UNA LINEA DI OLTRE 61 KM**

La matita più grande del mondo è alta 20 m ed è stata prodotta in una fabbrica della Faber Castell, in Malesia.

Le mine delle matite si ricavano da un allotropo di carbonio chiamato grafite.

Grafite

DIVERSI LEGAMI

Atomi dello stesso elemento hanno tutti lo stesso numero di protoni, ma non è detto che siano "legati" allo stesso modo. I diversi legami dei protoni del carbonio possono dar forma ai diamanti, chiarissimi e durissimi, di solito nascosti sottoterra, ma anche alla grafite, scura, morbida e liscia. Questa specie di carbonio è usata per realizzare le matite.

I RIFIUTI NUCLEARI SONO PERICOLOSI
PER 250.000 ANNI

I rifiuti prodotti dalle centrali nucleari richiedono uno smaltimento speciale.

UNA BRUTTA SORPRESA

Le centrali nucleari sfruttano delle lunghe barre radioattive di uranio-238. Tramite potentissime reazioni nucleari, si produce energia "pulita". A differenza delle centrali che fanno uso di combustibili fossili, infatti, quelle nucleari non producono biossido di carbonio. Hanno però un problema più grave, Il combustibile usato è altamente radioattivo!

PROBLEMI DI SMALTIMENTO

Un reattore nucleare produce 20-30 tonnellate di scorie nucleari all'anno. Si tratta di rifiuti pericolosamente radioattivi che vengono conservati in vasche di scarico per 20 anni. Poi vengono chiusi in grossi barili e sepolti sotto terra.

LE BANANE SONO RADIOATTIVE

Le banane contengono molto potassio ed esiste il potassio radioattivo…

DIVERTENTE!

I medici calcolano che bisognerebbe mangiare 10.000.000 banane in una volta per morire di avvelenamento da radiazioni, o 274 banane al giorno per sette giorni per notare qualche effetto.
Mangiare banane non ti trasformerà quindi in un mutante malvagio!

SONO SOLO BANANE!

Non tutti gli atomi di potassio sono radioattivi, ma solo quelli con 19 protoni e 21 neutroni, chiamati K-40. Per fortuna, solo un misero 0,012% di potassio è il pericoloso K-40. Ogni banana ne contiene solo 0,0000393 g.

L'ELIO RAFFREDDATO FLUISCE VERSO L'ALTO

La gravità non ha effetti su questo elemento.

ARTISTA DELLA FUGA

L'elio è il gas usato per gonfiare i palloncini. Se lo respiri, può rendere il tono della tua voce acuto e divertente. L'elio raffreddato fino a una temperatura vicina allo zero assoluto, si comporta in modo davvero strano. Si avvicina alle pareti del contenitore in cui si trova e sale verso l'alto. Diventa un superfluido... con superpoteri!

L'elio è il secondo elemento più abbondante nell'universo, ma è piuttosto raro sulla Terra. È così leggero che la gran parte di esso è salita fin nello spazio.

LA SOSTANZA PIÙ DIFFUSA NELL'UNIVERSO È IL PLASMA

Pensiamo che la Terra sia un posto normale, ma non è così.

PLASMA FANTASTICO

Le condizioni del nostro pianeta sono tali da consentire alla materia di presentarsi in natura in tre stati: solido, liquido e gassoso. Il plasma invece esiste solo dove l'energia è talmente tanta da poter spezzare gli atomi, separando gli elettroni dal nucleo. Sulla Terra, ciò accade solo nei fulmini, nelle lampade al plasma e nei reattori nucleari.

GAS

Libero di fluire, riempie completamente qualunque contenitore.

LIQUIDO

Prende la forma del contenitore.

PLASMA

Il Sole è una palla di plasma.

SOLIDO

Riempie lo spazio con una forma tridimensionale.

L'ACQUA CALDA GELA PIÙ VELOCEMENTE DELL'ACQUA FREDDA

L'effetto Mpemba è uno strano fenomeno diffile da spiegare...

COS'È PIÙ FREDDO DEL FREDDO?

Nel 1963, Erasto Mpemba scoprì che la crema di gelato calda si ghiacciava più rapidamente di quella fredda. Non aveva senso! I test che fece con il suo insegnante di fisica confermarono la scoperta più strana mai fatta. Ma nessuno sa spiegarsi il perché.

SCHERZI GELATI

Il modo in cui le sostanze gelano è complicato, e l'effetto Mpemba non vale sempre. Alcuni scienziati credono possa essere causato dal modo in cui le molecole d'acqua premono una sull'altra quando si raffreddano e si avvicinano. Altri ritengono, comunque, che l'effetto non sia reale.

Quando si raffredda, L'ACQUA SI ESPANDE

Questo effetto è REALE e spiega perché il ghiaccio galleggia nell'acqua.

ALLARME ICEBERG

Molti liquidi, quando si ghiacciano e diventano solidi, tendono a restringersi. Nel ghiaccio, invece, la disposizione delle molecole è più larga di quella dell'acqua liquida. Quando si trasforma in ghiaccio, quindi, il volume dell'acqua aumenta del 10%.

Gli iceberg più piccoli di 5 m sono noti come "bergy bit" e "growlers."

L'iceberg più grande mai misurato era lungo 295 km e largo 37 km. Era più esteso della Giamaica!

OSSIGENO STRAORDINARIO

Un quinto dell'atmosfera della Terra è composto di ossigeno.

L'ossigeno determina le reazioni chimiche che consentono la vita sulla Terra.

L'ozono è fatto di tre atomi di ossigeno uniti insieme (O_3).

Il gas che respiriamo è costituito da due atomi di ossigeno (O_2).

L'ossigeno è l'elemento più diffuso sulla superficie terrestre.

In alto, nell'atmosfera, uno strato di ozono ci protegge dai raggi dannosi del Sole: le radiazioni UV.

Dopo l'idrogeno e l'elio, l'ossigeno è il terzo elemento più diffuso nell'universo.

L'ossigeno è così reattivo che, sulla Terra, si trova sempre combinato con altri elementi.

Respirare ossigeno puro per più di 16 ore causa la morte.

L'ossigeno è un gas trasparente. L'ossigeno liquido è blu.

300 milioni di anni fa, c'era così tanto ossigeno nell'aria che persino le piante bagnate potevano bruciare!

L'ACIDO PIÙ POTENTE DEL MONDO

LO È MILIONI DI VOLTE DI PIÙ DELL'ACIDO SOLFORICO

Stai lontano dai cattivissimi superacidi!

ROBA FORTE

I superacidi sono una nuova specie di elementi chimici, bilioni di volte più potenti di quelli tradizionali. Sono usati nelle industrie chimiche, specialmente con i prodotti a base di petrolio. L'acido fluoroantimonico è considerato il re di queste pericolose sostanze fortemente reattive.

ACIDO ALIENO

I superacidi non sono però gli acidi più corrosivi. L'acido fluoridrico è una sostanza da film di fantascienza! Può eliminare praticamente tutto, anche il vetro. Viene conservato in contenitori di plastica speciali che vanno sostituiti ogni due anni.

I SUCCHI GASTRICI SONO FORTI ABBASTANZA DA

ELIMINARE UNA LAMETTA

Che nessuno ci provi!

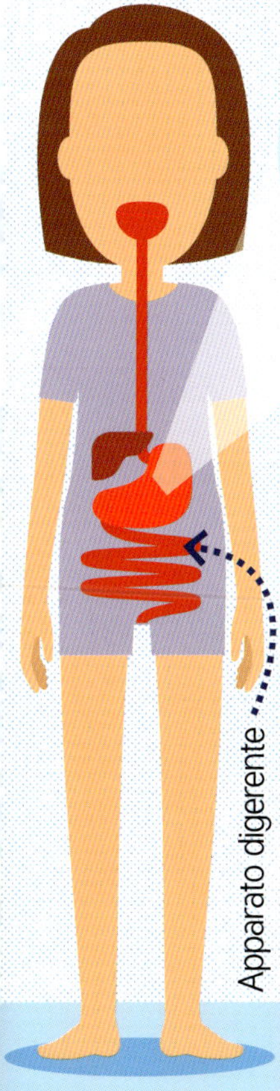

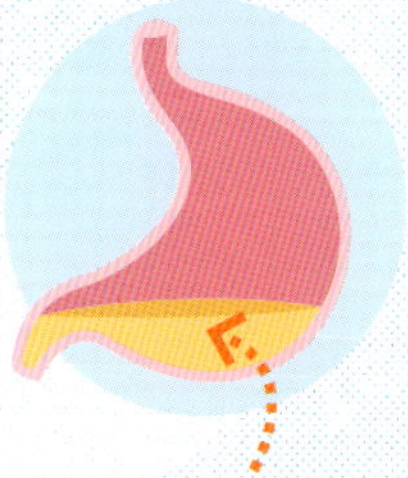

SACCA D'ACIDO

Quando sei pronto a mangiare, la tua pancia si riempie di acido cloridrico – un acido molto potente e corrosivo. Questo acido non solo attacca il cibo masticato che ingerisci, ma anche il tuo stomaco. Per evitare danni, la parte interna dello stomaco produce una soluzione anti-acido a base di bicarbonato, simile alle pillole per curare le indigestioni. Ecco perché le pareti interne dello stomaco si rigenerano ogni quattro giorni.

MATERIALE MULTIUSO

L'acido cloridrico è usato per la produzione dell'acciaio, per la conciatura della pelle e per molti prodotti per la pulizia della casa.

SE VERSI UN PUGNO DI SALE NELL'ACQUA,

IL LIVELLO DELL'ACQUA SCENDE

Un vero rompicapo scientifico. Prova tu stesso.

1 Versa dell'acqua in un bicchiere e segnane il livello.

2 Aggiungi qualche cucchiaio di sale.

3 Mescola tutto fino allo scioglimento del sale.

4 Controlla il livello dell'acqua.

CHE COSA SUCCEDE?

La spiegazione sta nel fatto che le molecole d'acqua si respingono tra loro. Aggiungere sale blocca questo processo e permette alle molecole di rimanere vicine, riducendo il volume del liquido.

È POSSIBILE AVERE "GHIACCIO CALDO" E "ACQUA BOLLENTE FREDDA"

L'ORA DEL TÈ

Gli alpinisti inglesi si lamentano spesso di non riuscire a bere un buon tè in alta montagna. Ciò accade perché, con una pressione più bassa, l'acqua bolle a temperature più basse. E quando il tè bolle meno del solito, non acquista il suo buon sapore. Nello spazio, dove non c'è pressione, l'acqua bolle istantaneamente e - altrettanto istantaneamente - il vapore acqueo si ghiaccia.

SOTTO PRESSIONE

La "Z-machine" presente in New Mexico è in grado di creare una pressione altissima, circa 120.000 volte più alta della pressione normale. L'acqua si trasforma subito in ghiaccio, che, però, è più caldo del punto di ebollizione dell'acqua.

Sulla vetta dell'Everest, l'acqua bolle a 72 °C.

LE REAZIONI CHIMICHE CREANO NUOVE SOSTANZE

La maggior parte delle cose che ci circondano non sono fatte di singoli elementi. La chimica comprende tutto ciò che succede tra atomi e molecole quando interagiscono tra loro.

VARIE REAZIONI

Una reazione chimica avviene quando una sostanza cambia e si trasforma in un'altra. Qualche volta questa trasformazione è irreversibile – quando cucini una torta, non c'è modo di tornare ad avere gli ingredienti crudi. Altre reazioni, invece, sono reversibili e permettono di tornare alle sostanze di partenza.

I LEGAMI CHIMICI

Gli atomi si uniscono per creare le molecole, condividendo elettroni o acquistando elettroni da altri atomi.

I catalizzatori accelerano le reazioni chimiche

DI MILIONI DI VOLTE

UN PICCOLO AIUTO

I catalizzatori accelerano le reazioni chimiche riducendo la quantità di energia di cui hanno bisogno per attivarsi. Sono importanti per la produzione di plastica, fertilizzanti, detersivi in polvere, yogurt, formaggi e birra. I catalizzatori proteici presenti nel nostro corpo si chiamano enzimi e ci permettono di digerire e crescere.

Il buco dell'ozono

Non tutti i catalizzatori sono "buoni". I CFC, sostanze chimiche ora vietate, una volta erano usate nelle bombolette spray e sono responsabili del buco dell'ozono.

IL CATA-CLUB

Per essere un catalizzatore bisogna rispettare delle regole.

1. Velocizzare una reazione.

2. Non essere coinvolto in una reazione.

I CONVERTITORI CATALITICI FANNO USO DI METALLI PREZIOSI

Questi dispositivi, collegati agli impianti di scarico delle automobili, trasformano le emissioni tossiche in gas puliti.

AUTO-PULENTI

I motori a benzina e a diesel producono ogni tipo di rifiuto, tra cui monossido di carbonio, inquinamento da ossidi di azoto, carburante non bruciato e ceneri. I catalizzatori metallici, inseriti in un convertitore catalitico velocizzano l'eliminazione di questi gas tossici.

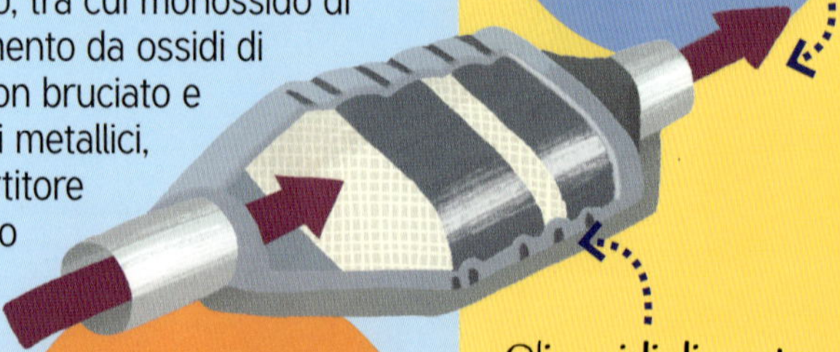

ESCONO

biossido di carbonio
azoto
vapore acqueo

ENTRANO

Monossido di carbonio
ossidi di azoto
carburante non bruciato

Gli ossidi di azoto vengono convertiti in ossigeno e azoto

I convertitori catalitici contengono platino, palladio e rodio, che sono metalli più preziosi dell'oro.

I FERTILIZZANTI HANNO QUADRUPLICATO LA POPOLAZIONE

I fertilizzanti artificiali sostituiscono l'azoto che le piante eliminano dal suolo, e anno dopo anno, la terra continua a essere sfruttata.

IL PROCESSO HABER

Fino all'invenzione dei fertilizzanti artificiali, i contadini usavano concime e letame per rendere fertili le loro terre. Il processo Haber-Bosch ha cambiato tutto. Inventato nel '900, è un metodo per produrre ammoniaca ricca di azoto. Attraverso l'uso dei fertilizzanti la produzione alimentare è aumentata e, dal 1900 a oggi, la popolazione mondiale è passata da 1,6 miliardi a quasi 7,6 miliardi di persone.

Noi facciamo uso di 200,5 tonnellate di fertilizzanti all'anno.

CHE CHIMICA!

LE SCOPERTE CASUALI

Attorno al 1830, per caso, una miscela di gomma, zolfo e piombo cadde in una stufa. Fu allora che Charles Goodyear scoprì come fare per indurire la gomma.

La plastica più usata al mondo, il polietilene, è stata inventata accidentalmente due volte. La prima volta non era stata riconosciuta.

Nel 1826, il chimico inglese John Walker sfregò per caso uno stecchino che prese fuoco. Era nato il primo fiammifero.

Spencer Silver provò a fare la colla attaccatutto nel 1968; ottenne però un adesivo debole e riattaccabile perfetto per i bigliettini stacca-attacca!

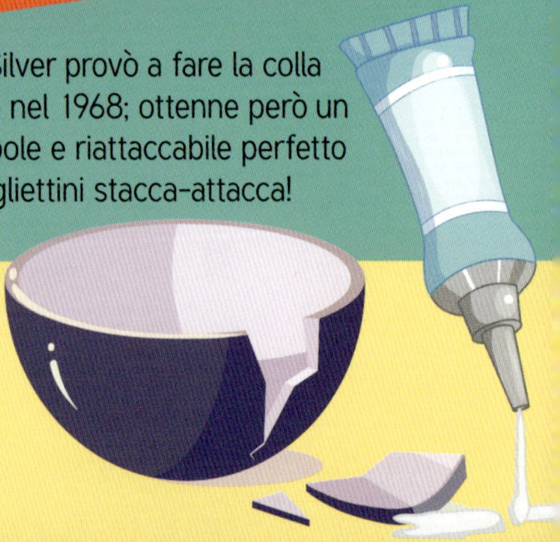

I tentativi di Harry Coover per realizzare dei mirini di plastica si conclusero con la creazione del liquido che oggi chiamiamo colla attaccatutto.

La fibra di nylon elastica è stata inventata per caso nel 1935, quando un assistente di laboratorio mischiò per errore due composti.

Il "buckminsterfullerene", una sorta di "pallone da calcio" di atomi di carbonio, fu una grande sorpresa per gli scienziati, che lo scoprirono nel 1985.

Nel 1938 Roy Plunkett trovò in un vecchio tubo una polvere resistente al calore, liscia e non reattiva, con la quale iniziò a realizzare il Teflon, il rivestimento antiaderente per pentole e padelle.

Il chimico Constantin Fahlberg scoprì il primo dolcificante artificiale, la saccarina, nel 1878, dopo aver dimenticato di lavarsi le mani prima di pranzo.

LA PRIMA TINTURA ARTIFICIALE È STATA SCOPERTA PER ERRORE

Le prime colorazioni per abiti erano fatte con minerali, piante e animali.

VIOLA PER TUTTI

La tintura viola, una volta, era così rara e costosa da produrre che serviva solo per il colore degli abiti di imperatori Romani e sovrani. Questo fu così fino alle vacanze estive del 1856. Nella sua stanza da letto-laboratorio, l'adolescente William Perkins era alla ricerca di cure per la malaria. Tutto ciò che riusciva a ottenere, però, erano grumi nerastri. Tuttavia, se sciacquati, questi grumi diventavano di viola acceso. Perkins inventò così la malveina, il colore artificiale che lo rese ricco.

Prima della malveina, ci volevano 12.000 lumache per il solo orlo di una toga!

Lo scienziato più dannoso per il mondo FU THOMAS MIDGLEY JR.

Questo noto scienziato inventò gli agenti chimici più pericolosi della storia!

BENZINA AL PIOMBO

Negli anni '20 del '900, Midgley iniziò ad aggiugere il piombo alla benzina. Ciò permise ai motori delle auto di funzionare meglio e di aumentare il loro chilometraggio. Sfortunatamente, però, i fumi rilasciati dalla benzina arricchita di piombo erano tossici e dannosi per il cervello. La benzina al piombo fu vietata negli anni '90.

CLOROFLUOROCARBURI

Midgley minacciò il pianeta anche con i clorofluorocarburi (CFC). Nonostante fossero meno dannosi delle sostanze refrigeranti usate all'epoca per i frigoriferi, questi gas distrussero l'ozono. Nel 1985, infatti, nello strato di ozono che protegge la Terra dai raggi UV, gli scienziati trovarono un buco.

IL PIÙ IMPORTANTE FARMACO SALVAVITA CRESCE NEL PANE AMMUFFITO

La penicillina potrebbe averti salvato la vita. Senza, il mal di gola e le ferite infette potrebbero essere mortali.

NON LAVARE I PIATTI

Il chimico scozzese Alexander Fleming scoprì la penicillina per caso, nel 1928. In quell'anno andò in vacanza e dimenticò di lavare le sue piastre di Petri. Quando tornò, notò che la muffa chevi stava crescendo dentro aveva bloccato i batteri!

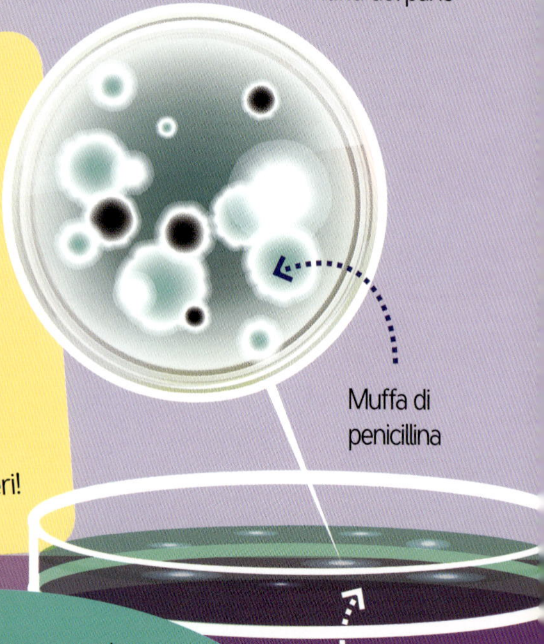

Nonostante l'avesse scoperta, Fleming non riuscì mai a isolare la penicillina. Gli amici Howard Florey e Ernest Chain, invece, trovarono il modo di purificarla nel 1939.

LA VITA È "MANCINA"

Si tratta di uno dei grandi misteri della vita!

MOLECOLE A SPECCHIO

Le tue mani hanno la stessa forma, ma sono l'una l'immagine specchiata dell'altra. Anche alcune molecole sono così. Le molecole "destre" sembrano il riflesso delle "mancine".

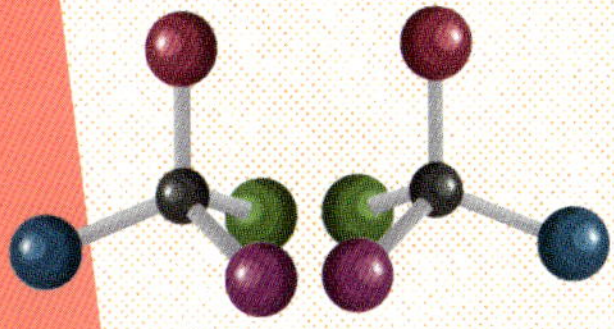

Molecole di metano

Questi cibi contengono molecole "mancine" di aminoacidi.

LA PARTE DOMINANTE

Gli aminoacidi sono le unità strutturali primarie delle proteine, le lunghe molecole essenziali per la vita. Gli aminoacidi possono essere "mancini" o "destri", ma quelli che si trovano in natura sono sempre "mancini". Nessuno sa il perché.

L'ANTISETTICO FU USATO PER LA PRIMA VOLTA **DA UN CHIRURGO**

Ave a Joseph Lister, salvatore della razza umana!

SALUTE A RISCHIO

Prima dell'esistenza dei farmaci antisettici, la chirurgia era molto rischiosa. Le incisioni e i tagli si infettavano facilmente a causa dei batteri, e persino i pazienti le cui operazioni risultavano riuscite morivano dopo poco tempo.

PULIZIA!

Lister iniziò a spalmare sulle ferite il fenolo. Poi, introdusse nella pratica chirurgica la pulizia delle mani, la sterilizzazione degli strumenti e la disinfezione con il fenolo spray mentre operava. Il tasso di infezioni precipitò incredibilmente.

VECCHI TEMPI

Prima del 1860, i chirurghi indossavano grembiuli sudici e non sterilizzavano i loro strumenti. Non si lavavano nemmeno le mani prima di operare qualcuno.

LA PRIMA BATTERIA FU INVENTATA 2.000 ANNI FA

È stata un'antica civiltà a inventare l'energia elettrica?

LA PRIMA BATTERIA?

All'incirca nel 200 a.C., in quello che oggi è l'Iraq, un brillante inventore costruì un vaso d'argilla molto particolare. Esso conteneva una sbarra di ferro, attorno alla quale si trovava un cilindro di rame. Questo apparato stava a bagno nell'acido ed era chiuso con un tappo di catrame. È ancora un mistero per cosa venisse usata la "batteria" mesopotamica.

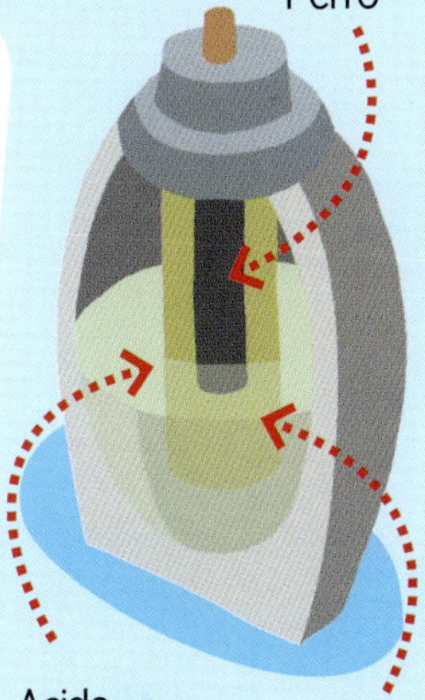

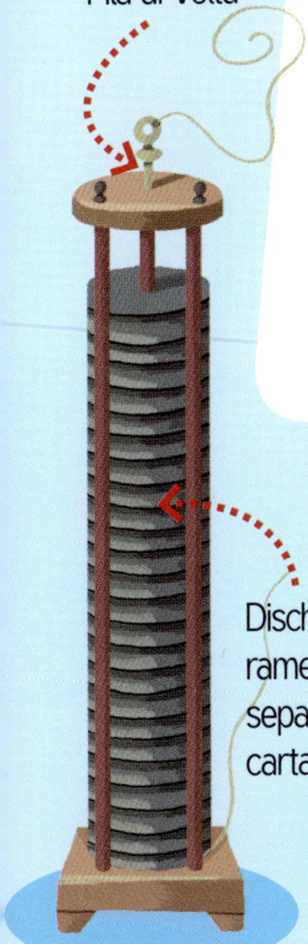

TORRE DI POTERE

L'inventore italiano Alessandro Volta creò la prima batteria moderna nel 1800. Questa colonna di dischi metallici bagnati in acqua salata fu la prima fonte affidabile di energia elettrica.

IL SILICIO DEI MICROCHIP HA "NOVE NONI" DI PUREZZA

Il silicio usato nei chip dei computer deve essere purissimo.

IL PIÙ ALTO IN GRADO

Solo il silicio più puro - il silicio di grado elettronico - può essere usato per realizzare i microchip. All'inizio, il processo prevede la creazione di un enorme cristallo di silicio, più grande di un uomo adulto e pesante centinaia di chili. Esso viene poi purificato a temperature più alte di quelle della lava (1.500 °C).

"Nove noni" di purezza = puro al 99,9999999% !

UN WAFER SOTTILE

I microchip vengono realizzati su wafer di silicio. Ogni wafer è spesso 0,5 mm – lo spessore della mina di una matita – ma poi viene appiattito sempre di più.

Se pronunciassi il nome più lungo usato in chimica

CI METTERESTI PIÙ DI TRE ORE

Si tratta del nome della proteina più complessa mai scoperta ed è anche la parola più lunga della lingua inglese.

LA GRANDE TITINA

Titina non è una parola molto lunga, ma è una molecola molto lunga! Il nome scientifico di questa gigantesca proteina trovata nei muscoli è di 189.819 lettere. Se hai tre ore e mezza libere, puoi provare a pronunciare il suo nome per intero!

DILLO ANCORA...

Supercalifragilistichespiralidoso è una parola composta, ma comprende solo 33 lettere. dovresti pronunciarla circa 5.583 volte per raggiungere la lunghezza del nome della titina.

FATTI DI CALCESTRUZZO

Il calcestruzzo è fatto di sabbia e ghiaia, materiali tenuti insieme con la malta di cemento.

Il calcestruzzo diventa più duro man mano che invecchia.

Ci sono 150 miliardi di sassolini in 450 g di calcestruzzo.

Quando viene mischiato con l'acqua si verifica una reazione chimica. I cristalli aumentano e rendono il calcestruzzo più duro.

Il calcestruzzo moderno fu inventato dagli antichi Romani.

Il Pantheon di Roma è il più grande edificio fabbricato con calcestruzzo non rinforzato (comunemente detto cemento armato).

Il calcestruzzo più vecchio mai trovato ha 2.500 anni.

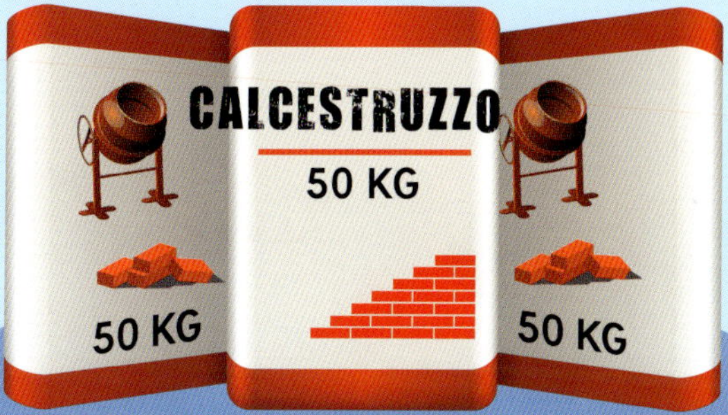

La colata di calcestruzzo più abbondante mai esistita avrebbe potuto riempire otto piscine olimpioniche. È durata quattro giorni, nel 2017, e si è svolta a Sharjah, negli Emirati Arabi Uniti.

Ogni tonnellata di calcestruzzo genera una tonnellata di biossido di carbonio.

I cinesi aggiunsero del riso glutinoso nella miscela di calcestruzzo che usarono per costruire la Grande Muraglia.

La Diga delle Tre Gole, in Cina, è la più grande struttura in calcestruzzo mai costruita. Sono stati impiegati 16 milioni di m^3 di calcestruzzo.

IL TIOACETONE È IL COMPOSTO CHIMICO PIÙ PUZZOLENTE

Ecco una sostanza così puzzolente da far svenire le persone.

SCAPPA!

Nel 1889, a Friburgo, in Germania, un'industria iniziò a produrre tioacetone. Ciò causò del panico di massa! La gente sveniva e stava male dappertutto. Molti lasciarono la città per sfuggire al terribile odore.

Una sola goccia di tiacetone è abbastanza per creare una scia di puzza di 500 m!

CHE PUZZA!

Due altri contendenti alla gara di puzza sono:

- Lo scatolo – che odora di feci.
- Il tiolo, che viene aggiunto al gas naturale per allertare le persone in caso di perdite di gas. Questo composto odora di cavolo marcio e calzini puzzolenti.

IL GRAFENE È IL MATERIALE PIÙ SOTTILE DEL MONDO

Un milione di volte più sottile di un capello, il grafene è il primo materiale 2-D mai esistito.

UN MATERIALE PRODIGIO

Scoperto nel 2004, il grafene è un materiale ultraleggero e superflessibile fatto di una rete di atomi di carbonio disposti in una struttura esagonale a nido d'ape. Il grafene si presenta in fogli trasparenti dello spessore di un atomo ed è il migliore conduttore di elettricità al mondo.

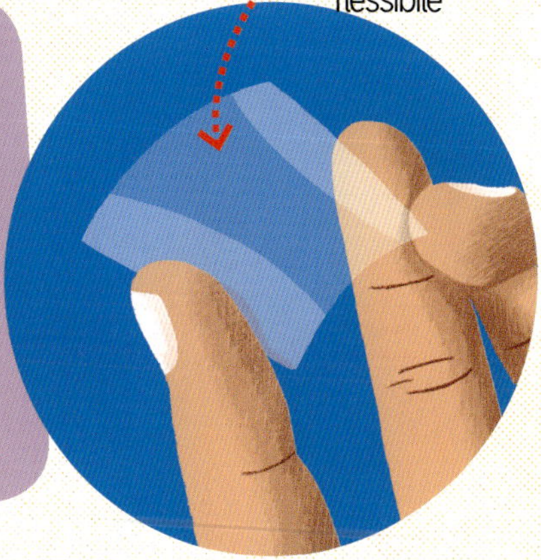

Schermo di grafene flessibile

Foglio di grafene

FORTUNA IMPREVISTA

Il grafene è stato scoperto dai ricercatori pulendo dei campioni di grafite con del nastro adesivo. Controllando il nastro, gli scienziati si accorsero che, insieme alla polvere e allo sporco, avevano estratto anche sottilissimi fogli di grafene.

Il grafene è 200 volte più forte dell'acciaio.

LA MAGGIOR PARTE DEI PEZZI DI CARTA NON PUÒ ESSERE PIEGATA A METÀ PER PIÙ DI SETTE VOLTE.

Prova anche tu!

LE PIEGHE IN NUMERI

Un foglio A4 è lungo 300 mm e spesso 0,05 mm.

Ogni volta che lo pieghi, lo spessore della carta aumenta.

Alla terza piega il foglio è quasi otto volte più spesso.

Alla trentesima piega, il foglio dovrebbe essere alto 100 km e si troverebbe nello spazio.

A 42 pieghe arriverebbe alla luna.

A 103 pieghe, il tuo foglio sarebbe più spesso di ciò che è osservabile nell'universo: 93 miliardi di anni luce!

Britney Gallivan detiene il record di pieghe: ha piegato un foglio di carta igienica per 12 volte.

IL CARBYNE È IL MATERIALE PIÙ ROBUSTO DEL MONDO

Prodigioso composto del carbonio, il carbyne è PERSINO più forte del grafene!

SUPER-CATENA

Il carbyne è fatto di lunghe catene di carbonio larghe un atomo e non visibili a occhio nudo. Nonostante si aspettassero di poterlo creare 50 anni fa, i ricercatori hanno scoperto solo di recente come realizzarne le molecole. Nel 2014, hanno collegato 6.400 atomi di carbonio, un numero da record.

FUORI DAL MONDO

Nonostante sia difficile reperire il carbyne sulla Terra, è stato trovato nello spazio. Queste catene di carbonio esistono sugli asteroidi e nelle nubi interstellari.

LA COLLA PIÙ APPICCICOSA DEL MONDO È QUELLA DEI CIRRIPEDI

La colla dei cirripedi si attacca a ogni superficie e in ogni situazione.

ATTACCATO A TE

Questi crostacei amanti delle rocce sono straordinariamente difficili da rimuovere, soprattutto quando sono attaccati agli scafi delle barche. I cirripedi si riposano solo quando diventano adulti. Le larve nuotano liberamente e poi scelgono una roccia su cui rilasciare il loro adesivo naturale, diviso in due parti. Quello che scende per primo è oleoso e allontana l'acqua. Il secondo, invece, permette alle larve di attaccarsi... forte!

La marina militare americana stima che i cirripedi aggiungano due terzi di peso alle loro navi.

GLI AEROGEL SONO LE SOSTANZE PIÙ LEGGERE DEL MONDO

Questi materiali sono perlopiù fatti d'aria.

LEGGERO COME L'ARIA

Queste sostanze superleggere, soprannominate "fumo solido", iniziano la loro vita come gel. Poi, vengono essiccate in recipienti pressurizzati, che ne lasciano intatta la parte solida, ma bucherellata nei punti in cui si trovava il liquido. Gli aerogel risultano asciutti al tocco.

Il 99,98% del volume degli aerogel è aria.

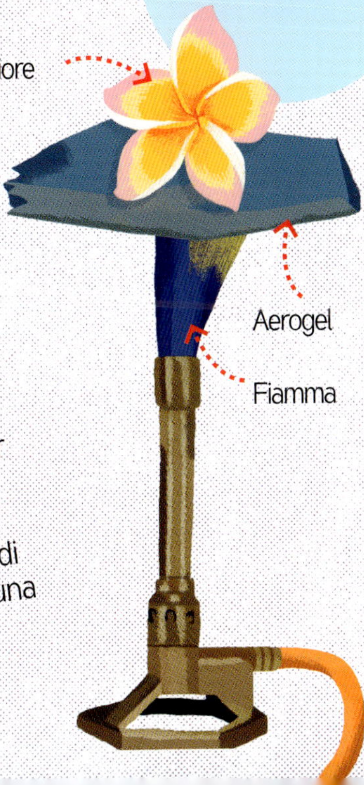

SUPER SPUGNE

Poiché hanno un'ampia superficie aerea, gli aerogel sono perfetti per raccogliere le perdite. Sono anche ottimi isolanti: potrebbero proteggere qualcosa di delicato come un fiore anche da una fiamma diretta.

OGNI ANNO VENGONO PRODOTTE **UN BILIONE DI BUSTE DI PLASTICA**

Ogni anno, 14,6 milioni di tonnellate di plastica finiscono nell'oceano.

RIDUCI, RIUSA, RICICLA

La gente adora la plastica. È economica, resistente, flessibile e può avere qualunque forma. Può essere anche di ogni tipo di colore! Sfortunatamente, la plastica impiega centinaia di anni per decomporsi. Ciò significa che la quantità di rifiuti di plastica sta crescendo.

Un gabbiano nutre il suo piccolo con un pezzo di plastica

PLASTICA MICRO, MAXI PROBLEMI

Negli oceani, i sacchetti di plastica si aggrovigliano alle pinne delle tartarughe. Gli animali li scambiano anche per cibo, spesso ingerendoli. La luce del sole li riduce poi in pezzi piccolissimi che le correnti trasportano in enormi chiazze in giro per i mari.

LE STRISCE DELLE TIGRI DIPENDONO DALLA CHIMICA

La natura riesce a creare tanti disegni, ma come?

PELLI STRIATE

Le strisce di una tigre sono come le impronte digitali. Nessun esemplare ne ha esattamente la stessa combinazione. Gli scienziati dicono che esistono due tipi di proteine sulla sua pelle: uno che spinge le cellule a organizzarsi in un certo modo, a strisce, per esempio; e un altro tipo che impedisce che questo avvenga. L'interazione tra le due sostanze determina il disegno di una tigre o di un pesce zebra, o le macchie di un leopardo.

Le tigri hanno anche la pelle striata, non solo la pelliccia.

PASSI UN DECENNIO DELLA VITA GUARDANDO LA TV

Guardare la TV è divertente, ma può essere anche uno spreco di tempo!

MOMENTO VIDEO

Se, come in media, anche tu passi tre ore e mezza della tua giornata a guardare la TV, significa che trascorri davanti allo schermo quattro giorni al mese, un mese e mezzo ogni anno! Ricorda che c'è anche un mondo fuori casa e che, ogni tanto, dovresti uscire a dargli un occhiata in prima persona!

Un americano medio guarda cinque ore di TV al giorno.

L'Indonesia è il paese che passa più ore davanti alla TV.

NEL MONDO ESISTONO 44.000 STAZIONI RADIOFONICHE

Le onde radio sono una forma di energia elettromagnetica che percorre enormi distanze.

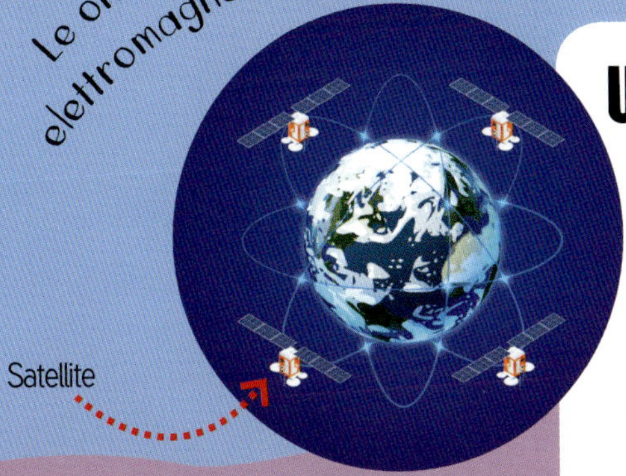

UN MARE DI ONDE

Le onde radio sono uno straordinario mezzo di comunicazione. I programmi di radio e TV viaggiano per il mondo attraverso questa specie di onde. Le telefonate e il traffico internet, invece, lo fanno mediante i satelliti. I segnali radio ci aiutano persino a comunicare con le sonde spaziali che si trovano su altri pianeti.

Quanto si può andare giù?

I sottomarini usano frequenze molto basse (VLF) e bassissime (ELF) di onde radio, che viaggiano attraverso l'acqua per comunicare con la superficie.

WIRELESS... CHE MERAVIGLIA!

Wifi, bluetooth e trasmissioni wireless usano un'altissima frequenza (EHF) di onde radio.

L'AUTO PIÙ VELOCE DEL MONDO PUÒ ROMPERE IL MURO DEL SUONO

La Bloodhound SSC sembra una matita appuntita con un razzo attaccato sopra.

RECORD UFFICIALE DI VELOCITÀ SU STRADA

Nel 1997, Andy Green guidò la Thrust SSC portandola a 1.227,985 km/h. Fu la prima macchina a superare la velocità del suono.

SUPERSONICO

Il suono viaggia nell'aria alla velocità di 1235 km/h. Quando un mezzo viaggia a una velocità superiore, crea il boom sonico, un suono molto simile al rombo del tuono.

VELOCITÀ MASSIMA

La Bloodhound SSC impiega solo 3,6 secondi per percorrere 1,6 km!

IL TRENO PIÙ VELOCE "GALLEGGIA" SU DEI SUPERMAGNETI

I treni maglev sono più veloci di qualunque treno ad alta velocità.

MAGLEV

Maglev sta per "levitazione magnetica": infatti, per tenere l'intero treno sospeso a 10 cm dalle rotaie, si usano dei supermagneti. Dato che il treno, spostandosi, scivola sull'aria, questo tipo di movimento è quasi privo di attrito e, dunque, il mezzo si muove come un lampo!

Il treno maglev Serie L0 sperimentato in Giappone è il treno più veloce del mondo e ha un record di velocità di 603 km/h.

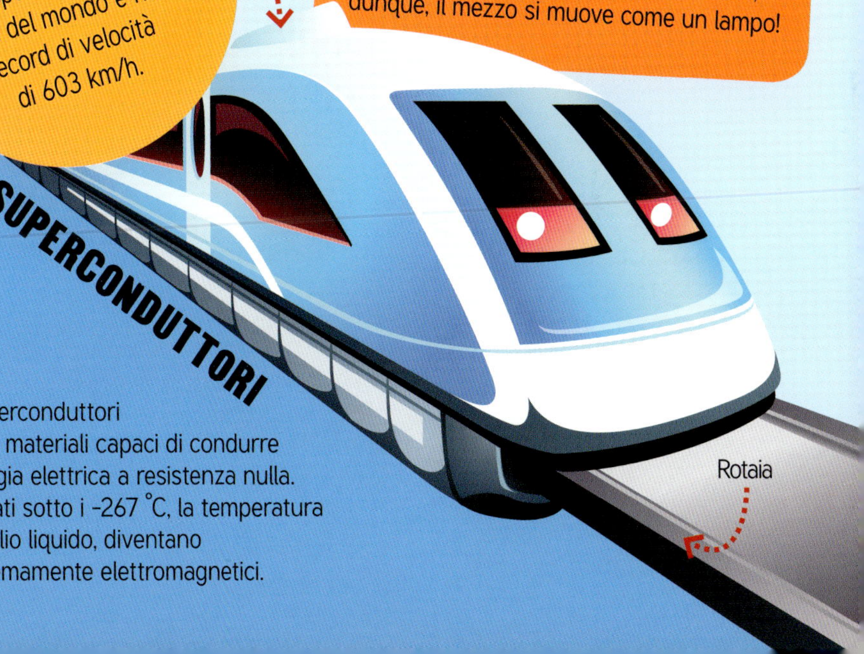

SUPERCONDUTTORI

I superconduttori sono materiali capaci di condurre energia elettrica a resistenza nulla. Portati sotto i -267 °C, la temperatura dell'elio liquido, diventano estremamente elettromagnetici.

LA NAVE PIÙ GRANDE DEL MONDO È LUNGA QUANTO L'EMPIRE STATE BUILDING (IN ALTEZZA)

Si tratta di una colossale nave da trasporto merci.

IL LEVIATANO

La nave più grande del mondo è la portacontainer classe Maersk Tripla E. Questa nave enorme è lunga 400 m e le sue dimensioni superano quelle dell'Empire State Building, alto 381 m. Il grattacielo vince solo con l'antenna, con la quale raggiunge i 443 m.

LA GIGANTESSA

La nave cisterna *Knock Nevis* è stata la più grande nave mai costruita. Questo colosso da 458 m è stato rottamato nel 2010.

LA POSSENTE MATZ

La Matz Maersk Tripla E è troppo grande per passare dal Canale di Panama. A pieno carico può trasportare 18.000 container.Le sue eliche pesano 64 tonnellate ciascuna.

IL MEZZO DI TERRA PIÙ GRANDE È PIÙ ALTO DELLA STATUA DELLA LIBERTÀ

Il Bagger 288, usato per le estrazioni minerarie, ha un'altezza di 95 m, e una benna rotante alta come un palazzo a sette piani!

ESCAVATORE TEDESCO

Utilizzato nelle miniere a cielo aperto, questo escavatore gigante serve a rimuovere porzioni di terreno sfruttando il suo sistema di benne poste su una ruota. Ogni benna può contenere 6.500 l di terra e spostare 240.000 tonnellate di carbone al giorno!

CAMBIO DI SEDE

Nel 2001, il Bagger dovette spostarsi su una miniera a 23 km dal luogo in cui si trovava. Ci vollero tre settimane di viaggio.

Il Bagger 288 pesa più della Tour Eiffel.

LE AUTOVETTURE AUTONOME POSSONO VIAGGIARE NEL BUIO COMPLETO

Puoi rilassarti mentre l'automobile si guida da sola.

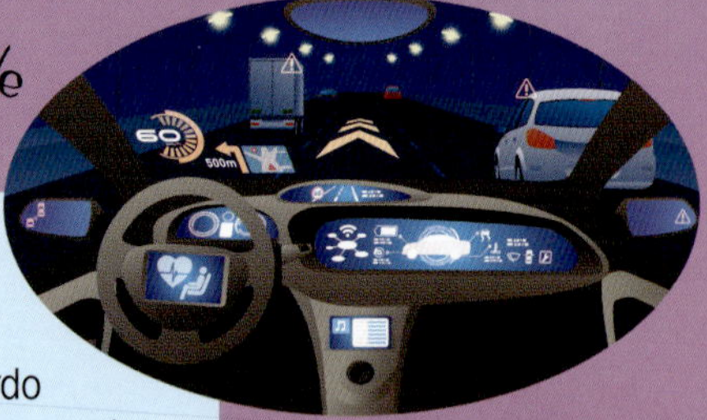

GUIDATORE PERFETTO

In un veicolo autonomo il computer di bordo gestisce tutto: dalla tenuta della macchina su strada ai cambi di corsia, ai sorpassi degli altri veicoli. Tiene conto della segnaletica e dei margini della strada per mantenere le ruote nella giusta direzione.

DECISIONI LAMPO

Ci vogliono 3-7 secondi perché un guidatore esegua un'azione di controllo, anche se ci sono spie luminose e suoni. Un veicolo autonomo risponde in una frazione di secondo.

GUIDA BENDATA

Di notte, si rischia tre volte di più che di giorno un incidente d'auto mortale. Per migliorare la sicurezza, la Ford ha inventato un'auto a guida laser che procede senza problemi anche al buio.

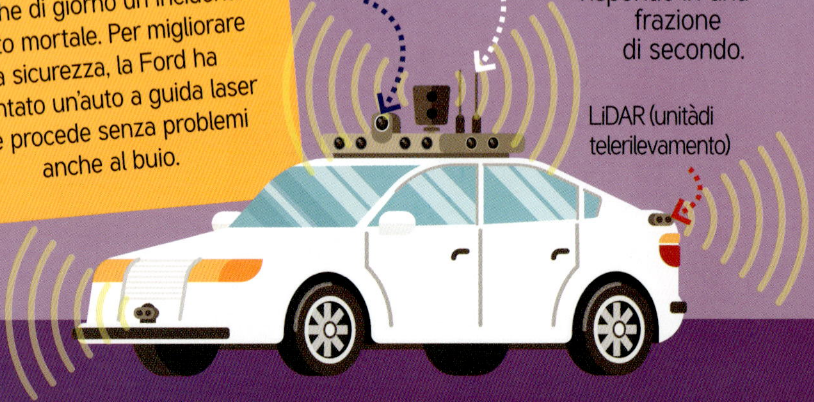

LE BICI NON HANNO BISOGNO DEL CICLISTA

Se in movimento, una bici può stare in equilibrio senza un guidatore.

UN FENOMENALE EQUILIBRIO

Le ruote di una bicicletta tendono a mantenere la loro direzione, secondo lo stesso principio valido per i giroscopi e le trottole. Non appena raggiungono una velocità superiore ai 13 km/h, continuano a muoversi senza cadere. Lo sterzo infatti è posto in modo che resti puntato verso la stessa direzione a cui si rivolge la ruota anteriore quando tocca il suolo. Perciò la bici si mantiene eretta automaticamente.

BICI SENSAZIONALE

Le ruote più grandi di una bicicletta guidabile hanno un diametro di 3,3 m.

GLI AEREI ALIMENTATI A ENERGIA SOLARE POSSONO RIMANERE IN ARIA PER MESI

Ecco una nuova specie di velivoli!

IL DRAGO CINESE

Il drone a energia solare CH-T4 è un enorme velivolo cinese che non ha bisogno di pilota. Realizzato come un'ala gigante, può volare a 20 km dal suolo. La sue ali di 40 m sono lunghe quanto tre autobus. Il peso del CH-T4 è di soli 400 kg. Questo drone ultraleggero è alimentato a luce solare, quindi non ha bisogno di rifornimento.

IN GIRO PER IL MONDO

Nel 2016, il Solar Impulse 2 è stato il primo aereo a energia solare a compiere il giro del mondo.

L'AEROPLANO PIÙ GRANDE DEL MONDO PUÒ SOLLEVARE UNO SHUTTLE

L'Antonov An-225 Mriya è l'aereo più lungo e pesante mai costruito.

MOSTRO RUSSO DA TRASPORTO

Le ali di questo aereo da trasporto sovietico sono lunghe quasi come un campo da calcio. A pieno carico, può pesare quanto sei balenottere azzurre e i sei enormi motori a turboventola riescono a portarlo in cielo. Ne è stato costruito solo uno, negli anni '80 del Novecento, in grado di trasportare la nave spaziale Buran. Oggi è ancora funzionante e in servizio.

Il nome in codice dell'An-225 è "Cosacco."

ATTERRAGGI PESANTI

I Jumbo jet hanno 18 ruote. Il carrello di atterraggio dell'An-225 ne ha 32!

TECNOLOGIA DELL'ARCHITETTURA

Fino al 1948 anche l'architettura fu una disciplina dei Giochi Olimpici. La prima competizione si tenne nel 1912 durante le olimpiadi estive di Stoccolma, in Svezia.

Quando sarà completata, nel 2020, la Jeddah Tower, in Arabia Saudita sarà la prima costruzione a raggiungere 1 km di altezza.

Lo Shard (la Scheggia) di Londra è l'edificio più alto d'Europa. Le sue fondamenta scendono fino a 53 m di profondità.

Nel Tunnel della Manica, tra Francia e Inghilterra, si estende il tratto sottomarino più lungo del mondo: 37.9 km.

Il ponte Siduhe, in Cina, con i suoi 496 m, detiene il record per la maggiore distanza tra il piano stradale del ponte e il terreno.

La Grande Moschea di Djenné, in Mali, è la struttura in mattoni più grande del mondo.

Lo stadio nazionale di Pechino, detto "Nido d'Uccello" è la struttura architettonica d'acciaio più grande del mondo. Contiene 36 km di acciaio, circa 110.000 tonnellate totali.

Il mausoleo più complesso ed elaborato del mondo, il Taj Mahal (India), fu costruito con l'aiuto di 1.000 elefanti.

Il Ponte del Gard, un acquedotto romano costruito in Francia, è stato realizzato senza malta. I suoi blocchi da 6 tonnellate, però, combaciano perfettamente.

Con l'aspetto di un enorme fiore nel suo piano superiore e di una barca al piano terra, il Museo Guggenheim di Bilbao è rivestito con 33.000 sottilissime lastre di titanio.

L'EDIFICIO PIÙ ALTO DEL MONDO
È IL BURJ KHALIFA

Tre volte più alto della Tour Eiffel e quasi il doppio dell'Empire State Building, il Burj Khalifa detiene 6 record mondiali.

Alto quasi 1 km, con i suoi 828 m, il Burj Khalifa di Dubai, negli Emirati Arabi, è l'edificio più alto del mondo.

Il cemento usato per costruire la torre pesa quanto 100.000 elefanti.

Con l'alluminio usato per costruire questo grattacielo si potrebbero fabbricare non meno di cinque dei più grandi aerei da trasporto passeggeri.

Il Burj Khalifa ha l'ascensore più lungo del mondo, che sale per 140 piani.

PALM JUMEIRAH
è l'isola artificiale più grande del mondo.

Le isole artificiali sono porzioni di terra sottratte al mare.

LUOGO DA SOGNO

La Palm Jumeirah è una bizzarra e straordinaria meraviglia della natura. È un'isola artificiale situata nel mare di Dubai che ricopre un'area più estesa di 800 campi da calcio. Sorprendentemente, poi, ha la forma di una palma gigante ed è circondata da un frangiflutti circolare.

PALMA DI BENVENUTO

La palma è una pianta molto importante nella storia del Medio Oriente. È un simbolo di ospitalità, un caldo benvenuto per gli ospiti.

IL VELCRO® fu inventato **PER IMITARE LA BARDANA**

Questo sistema di chiusura serve per abiti, zaini e per le tute spaziali.

Biomimetica = nuove invenzioni ispirate alla natura

LA ZIP SENZA ZIP

La chiusura a VELCRO® imita i ricci di una pianta chiamata bardana. L'ingegnere svizzero Georges de Mestral ebbe l'idea nel 1941, quando il suo cane tornò da una passeggiata completamente ricoperto da ricci di bardana. Oggi il VELCRO® è fatto di nylon, e gli aculei non sono che anelli tagliati.

Nei caschi delle tute spaziali c'è una piccola striscia di VELCRO® usata dagli astronauti per grattarsi il naso.

LE PRIME PAROLE PRONUNCIATE AL TELEFONO FURONO "SIG. WATSON, VENGA QUI!"

La storia del telefono comincia il 10 marzo 1876.

SENTI UN PO'...

Mentre cercava di capire se attraverso uno stesso cavo potevano passare più segnali telegrafici, l'inventore scozzese Alexander Graham Bell udì un suono metallico. Ciò gli fece venire in mente che la sua macchina poteva essere in grado di trasmettere la voce umana.

Che cosa avrebbe fatto Bell con un telefono di oggi?!

Che ironia che la madre e la moglie di Alexander Graham Bell avessero entrambe problemi di udito!

LE STAMPANTI MODERNE POSSONO STAMPARE
20 GIORNALI AL SECONDO

Il primo testo a stampa mai realizzato, la *Bibbia*, risale al 1455.

Stampante tipografica

TEMPI DI STAMPA

Con 28 copie al secondo e rulli che girano 833 volte al minuto, la stampante più veloce del mondo riesce a stampare 100.000 copie all'ora. La stampante da tavolo più veloce stampa appena 68 fogli al minuto.

Harry Potter e i doni della morte è il libro che detiene il record di tiratura per una prima edizione. Furono stampate 12 milioni di copie.

Il libro più piccolo del mondo

Con i suoi 0,75 cm di larghezza, il libro giapponese sui fiori nelle varie stagioni richiede una lente d'ingrandimento per poter essere letto.

THOMAS EDISON TESTÒ 6.000 MATERIALI DIVERSI

PER TROVARE IL FILAMENTO PERFETTO PER LA LAMPADINA

L'ILLUMINAZIONE DEL MONDO

La prima lampadina venne creata dall'inventore statunitense Thomas Edison. Egli notò che, per far diventare incandescente un filamento, era necessario che fosse molto sottile e ad alta resistenza elettrica. Edison testò moltissimi metalli e persino i fili di barba, prima di scegliere la fibra di bambù carbonizzata.

LUNGA VITA

In California, nella stazione dei vigili del fuoco di Livermore, si trova la "lampadina centenaria", accesa da oltre 100 anni!

Thomas Edison

Che luce!

Le lampadine a incandescenza sono poco efficienti. Trasformano solo il 2,5% di energia elettrica in luce. Quelle fluorescenti, invece, sono quattro volte più funzionali!

UN MONDO DI ENERGIA

In una sola ora, la Terra riceve dal Sole l'energia che noi consumiamo in un anno intero.

Circa la metà dell'energia elettrica prodotta nel mondo viene dai combustibili fossili.

La popolazione dei Paesi sviluppati consuma molta più energia di quella dei Paesi in via di sviluppo.

L'impronta di carbonio di un'attività, di un processo o di un prodotto corrisponde alla quantità di biossido di carbonio che rilascia.

I combustibili fossili sono un accumulo di energia solare: quando queste sostanze organiche vengono bruciate, infatti, rilasciano l'energia del sole che avevano catturato mentre erano vive.

Una sola ricerca su Google produce 0,2 g di biossido di carbonio.

Il più grande blackout della storia si è verificato in India nel 2012. Circa 620 persone sono rimaste senza energia elettrica.

La più grande centrale elettrica del pianeta è quella della Diga delle Tre Gole.

Per unità di peso, l'uranio, usato come combustibile, è 8.000 volte più potente di petrolio e carbone.

Le sue 34 turbine generano la stessa energia di 45 milioni di tonnellate di carbone.

LA PIÙ GRANDE TALPA MECCANICA DEL MONDO PUÒ SCAVARE UN BUCO AMPIO QUANTO UN CAMPO DA TENNIS

Queste talpe sono tutt'altro che cieche.

Secondo la tradizione, una talpa meccanica non può iniziare a scavare finché non le è stato dato un nome.

LA GRANDE BERTHA

Ecco Bertha: una gigantesca macchina scava-gallerie. Le sue teste fresanti sono grandi quanto degli edifici a cinque piani. Ruotando una volta al minuto, i trapani di Bertha scavano la roccia e la terra. Nel 2013, mentre scavava un tunnel di 3,2 km sotto le strade di Seattle (Washington) si è bloccata. Ci sono voluti due anni per rimetterla in moto.

SCAVA!

Bertha è lunga come 29 autobus a due piani e pesa quanto 480 autobus normali.

IL MEGA-LASER NIF
È COSTITUITO DA 192 LASER

Stella artificiale

La Struttura Nazionale di Ignizione (NIF) di Livermore, in California, usa il laser più grande del mondo per riprodurre le condizioni fisiche presenti nelle stelle. Quando un bersaglio piccolo come una pallina viene colpito dal suo raggio, quest'ultimo si trova a 50 milioni °C – sei volte più caldo del nucleo del Sole. Il laser crea una forza di compressione 150 miliardi di volte maggiore di quella dell'atmosfera terrestre. Questa energia causa una fusione nucleare.

Reattore NIF

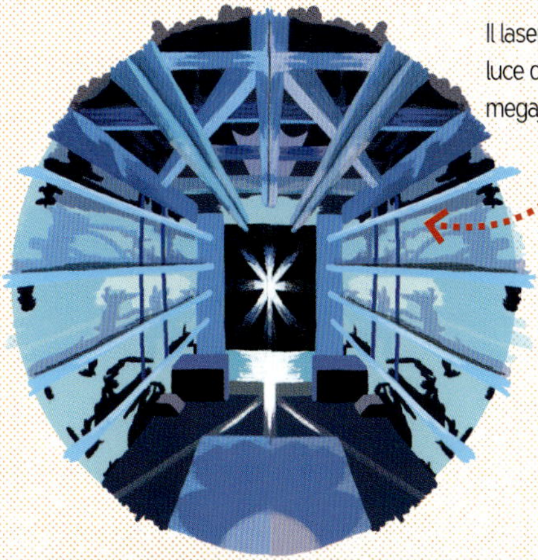

Il laser èun fascio di luce di raggi UV di 1,85 megajoule

La forza dei laser veniva misurata in "Gillettes": il numero di lamette che ogni raggio era in grado di attraversare.

LE CELLULE STAMINALI POSSONO AIUTARE I CIECHI A VEDERE

SUPER CELLULE

Il corpo umano è composto da circa 200 tipi di cellule diverse. Ogni tipo compie un lavoro diverso. La maggior parte delle cellule è impegnata a riprodursi, ma alcune speciali, dette staminali, possono trasformarsi in ogni tipo di cellula. I medici studiano e coltivano queste cellule tuttofare per poter porre rimedio ad alcuni danni del corpo.

Le cellule staminali aiutano la pelle a rigenerarsi ogni mese.

VISIONE MIRACOLOSA

I ricercatori usano le cellule staminali per creare riserve di cellule fotosensibili, ovvero coni e bastoncelli. In futuro queste cellule potranno essere impiantate nella retina di persone non vedenti per far loro riacquistare la vista.

LE MANI ARTIFICIALI POSSONO ESSERE STAMPATE

DAMMI UNA MANO

Con un tutorial scaricato da internet, chi ha perso una mano o è nato senza, è ora in grado di fabbricarsene una da sé, robotica e perfettamente funzionante, con l'ausilio di una stampante 3D. La mano è disponibile in tanti colori e sembra il componente di un robot. I bambini la adorano e possono crearsene di nuove crescendo, perché sono molto più economiche delle protesi tradizionali.

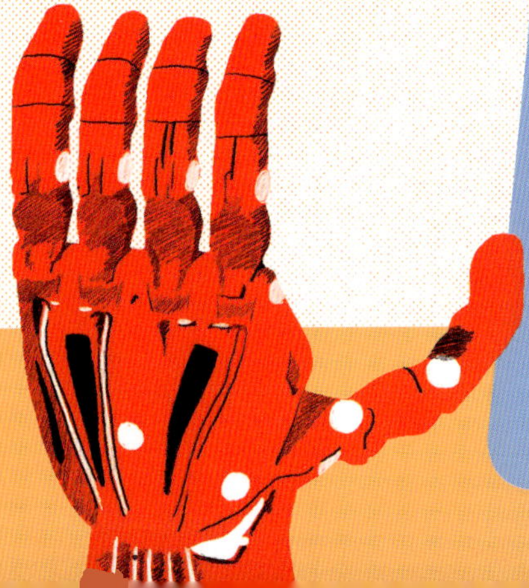

VISTO, SI STAMPI

La stampa 3D costruisce oggetti partendo dal basso e creando degli strati sovrapposti orizzontalmente di plastica fusa, emessa da un ugello. Strato dopo strato, l'oggetto prende forma.

LA PALLA PIÙ VELOCE DELLO SPORT È QUELLA DEL JAI ALAI

Più piccola di una palla da baseball e più dura di una palla da golf, la pelota è la palla più veloce usata nello sport.

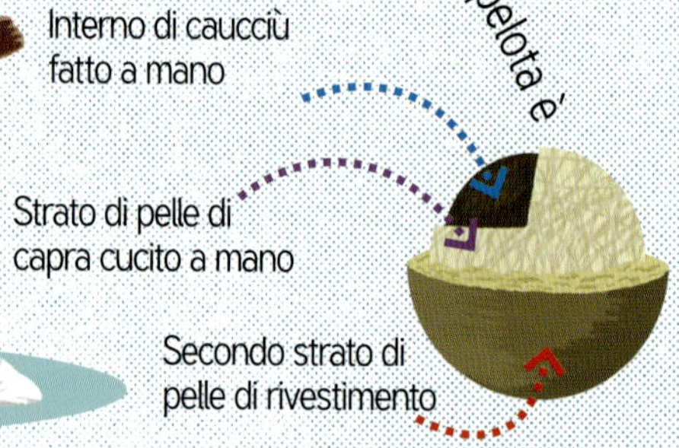

Jai alai, in basco, significa "festa allegra".

PRENDI E TIRA

Giocare a jai alai richiede una forte coordinazione mano-occhio. I giocatori devono prendere e tirare una palla chiamata pelota con una specie di cucchiaio di vimini. La pelota sfreccia a 302 km/h ed è la palla più veloce usata nello sport.

LE MAGLIETTE HI-TECH POSSONO MONITORARE IL BATTITO CARDIACO

Ecco la tecnologia da indossare.

MODA IN FORMA

Le magliette biometriche registrano i tuoi allenamenti. Questi abiti intelligenti hanno dei dispositivi elettronici nei loro tessuti. Possono monitorare lo sforzo muscolare, la profondità del respiro, il battito cardiaco e contare i passi fatti.

OMG! EMG

Questo abbigliamento intelligente si basa sull'EMG (elettromiografia), una tecnologia in grado di cogliere gli impulsi elettrici emessi dai muscoli.

SEMPRE CARICO!

Dimentica la batteria scarica: una nuova serie di caricabatterie indossabili caricherà i tuoi dispositivi traendo energia dai movimenti e dal calore del corpo.

IL PRIMO TELEFONO CELLULARE PESAVA QUANTO UNA CONFEZIONE DI ZUCCHERO

La sua batteria "mattone" impiegava 10 ore per ricaricarsi e solo una telefonata da mezz'ora per scaricarsi.

PREZZO ALTO

I primi cellulari costavano 3.000 dollari!

MOTIVO DI VANTO

Il primo telefono cellulare fu costruito il 3 aprile 1973.

ISTANTANEA

Philippe Kahn fu il primo a condividere una foto fatta con un cellulare, nel 1997. Mostrava suo figlio appena nato.

IL FINLANDESE

Il Nokia 1100 è il dispositivo elettronico più venduto di sempre. Ne furono venduti 250 milioni.

In media, uno smartphone viene toccato da chi lo usa 2.600 volte al giorno.

OGNI GIORNO SCATTIAMO 1 MILIONE DI SELFIE

Dai, su, sorridi! È ora di accendere la macchina fotografica!

A ME GLI OCCHI!

Il selfie è il re degli scatti. Nel 2015 sono stati caricati sui server di Google 24 miliardi di selfie. Eddai, un po' di buon senso! Nello stesso anno, sono morte più persone scattandosi dei selfie che sbranate dagli squali.

Il bastone da selfie fu inventato negli anni '80, ma allora non ebbe successo.

FOTO DA STAR

L'astronauta americano Buzz Aldrin scattò il primo selfie dallo spazio nel 1966, durante la sua prima passeggiata spaziale.

OGGI IL RALLENTATORE
PUÒ COGLIERE IL MOVIMENTO DELLA LUCE

La fotografia in slow motion non smette di affascinarci. È divertente vedere a rallentatore un palloncino pieno d'acqua scoppiare, un uovo che viene colpito da un martello, o le orecchie di un cane volare spargendo acqua qua e là.

RIPRESA ACCELERATA

Dipende tutto dai fotogrammi raccolti in un secondo. Le fotocamere slow motion raccolgono una quantità di fotogrammi molto più alta della media. Se mostrata alla normale velocità, l'azione appare più lenta. Puoi così osservare ciò che il tuo occhio non è abbastanza veloce da cogliere.

FOTOGRAFIA SUPERVELOCE

Una macchina "femfotografica" è una macchina fotografica che cattura un bilione di immagini al secondo. Può fotografare un raggio di luce che passa attraverso un materiale e può addirittura vedere un oggetto nascosto dietro un angolo!

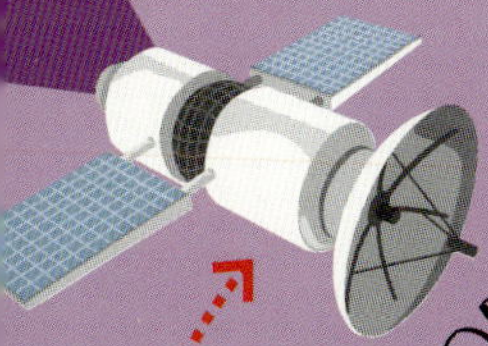

Satellite

ORBITANO INTORNO ALLA TERRA PIÙ DI 2.500 SATELLITI ARTIFICIALI

I satelliti trasmettono le comunicazioni di telefono e Internet, trasportano i segnali di TV e radio, monitorano il nostro pianeta e ci spiano.

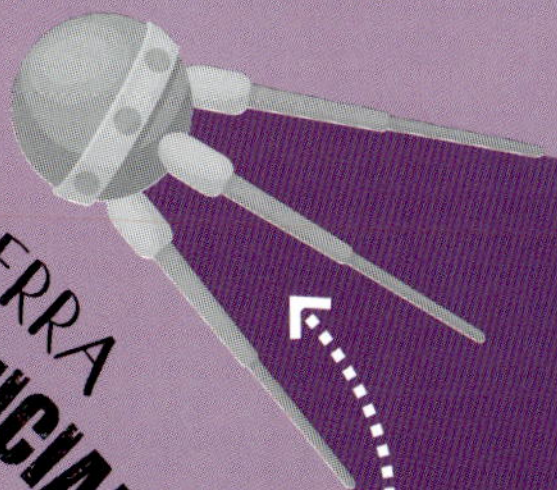

Sputnik 1

IL PRIMO SATELLITE

Il primo satellite artificiale fu lanciato nello spazio il 4 ottobre del 1957. Sputnik 1 conteneva poco più di una radiotrasmittente. Il satellite, della grandezza di un pallone da pallavolo, girò tre mesi intorno alla Terra prima di cadere nell'atmosfera e incendiarsi.

SCARTI SPAZIALI

Non c'è solo materiale spaziale lassù. La Rete di sorveglianza spaziale statunitense ha individuato oltre 13.000 oggetti di più di 10 cm.

Il Sistema di Posizionamento Globale (GPS) fa uso di 24 satelliti che orbitano a 24.000 km dalla superficie terrestre.

DENTRO INTERNET

Internet è una vasta rete mondiale di computer collegati tra loro.

Agli squali piace masticare i cavi internet presenti sott'acqua.

Il World Wide Web è l'insieme delle informazioni presenti su Internet in una infinita serie di pagine web.

L'informatico britannico Sir Tim Berners-Lee inventò il World Wide Web nel 1989.

Internet connette 3,2 miliardi di persone che vi hanno accesso attraverso 8,7 miliardi di dispositivi.

L'invio dei dati su internet avviene in piccoli pacchetti, attraverso percorsi meno "affollati". Quando arrivano, il tuo computer li riassembla.

Il cavo sottomarino più lungo del mondo si estende per 38.600 km e collega 33 paesi.

Il fantastilione di elettroni che mette insieme il traffico dati di Internet pesa all'incirca quanto una fragola.

I due terzi delle email sono spam.

I tuoi dati online sono dappertutto: i file possono essere distribuiti nei centri di elaborazione dati dell'intero globo.

La prima webcam del mondo fu puntata su una caffettiera del laboratorio di informatica dell'Università di Cambridge per evitare viaggi inutili nel caso in cui la caffettiera non avesse dentro caffè.

IL SUPERCOMPUTER PIÙ POTENTE DEL MONDO SVOLGE 93 BILIARDI DI CALCOLI AL SECONDO

Con i suoi 41.000 chip, il Sunway TaihuLight è il computer più veloce del mondo.

La velocità dei computer si misura in FLOPS, che indica il numero di operazioni eseguite al secondo.

CODICI DA DECIFRARE, PROBLEMI DA RISOLVERE

La Cina ha il maggior numero di supercomputer al mondo. Questi titanici cervelli elettronici riempiono interi magazzini e risolvono problemi enormi. Possono persino calcolare la nascita e la prima espansione dell'Universo. I supercomputer tentano anche di prevedere come si propagano le onde sismiche per scoprire di più sul nostro pianeta.

operazioni al secondo = 1 FLOPS

2017 iMac = 1.900.000.000.000 flops (1.9 teraflops)

Sunway TaihuLight = 93.000.000.000.000.000 flops (93 petaflops)

I COMPUTER SULLA NAVE SPAZIALE APOLLO AVEVANO LA STESSA POTENZA DELLE CALCOLATRICI ODIERNE

Un cellulare di oggi è molto più potente dei computer che condussero l'uomo sulla Luna.

COME UN TOSTAPANE

I computer a bordo dell'Apollo erano più elementari di un tostapane di oggi. Avevano una memoria di 36 KB – meno delle calcolatrici scientifiche, che in genere ne hanno 256 KB. I computer odierni operano 60.000 volte più velocemente dell'unità dell'Apollo.

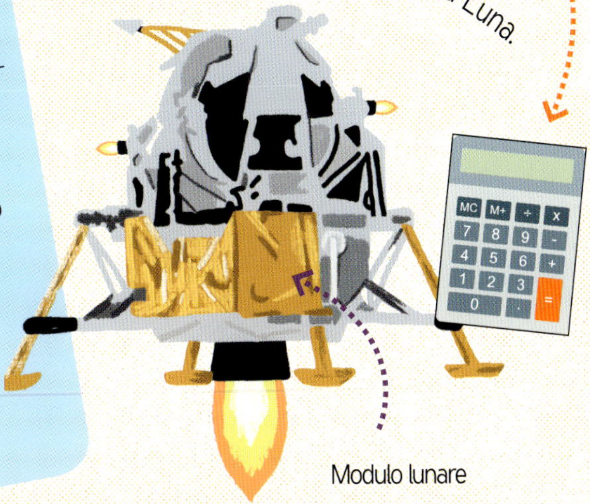

Modulo lunare

NERVI D'ACCIAIO

Quando il modulo lunare dell'Apollo 11 si avvicinò alla superficie della Luna, il computer si sovraccaricò e si bloccò. Neil Armstrong prese i comandi e fece atterrare comunque il modulo Eagle.

GARA DI MEMORIA

Unità Apollo: 6 transistor

iPhone X: circa 4,3 miliardi di transistor

NEL 1955, 5 MB DI DATI PESAVANO TANTO!

Il primo computer del mondo dotato di memoria – l'IBM 305 RAMAC – stava dentro un armadio lucido della grandezza di due frigoriferi ed era necessario un carrello elevatore per sollevarlo – non era di certo portatile! I suoi 50 voluminosi dischi di alluminio avevano una memoria di 5 MB.

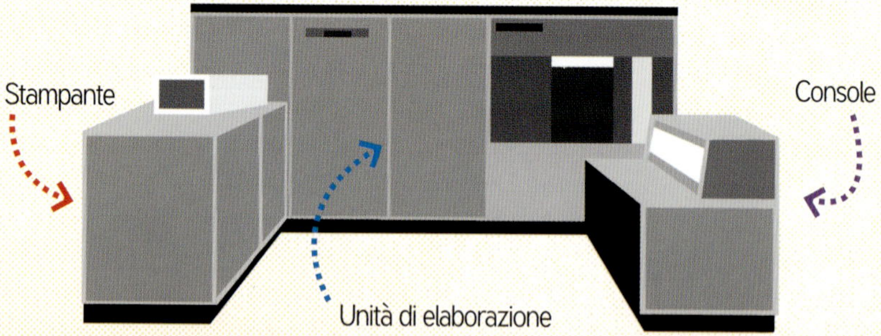

DA BIT AI BYTE

Bit – Più piccola unità di misura dell'informazione
Può essere 0 o 1

Byte – 1 byte = 8 bit

Terabyte
1 TB = 1.000.000.000.000.000 byte
10 TB sono tutti libri della Biblioteca del Congresso

Yottabyte
1 YB = 1.000.000.000.000.000.000.000.000 byte
Internet ha più di uno yottabyte di dati

Ogni giorno vengono caricati sui social media 2 terabyte di foto.

IL PRIMO SITO WEB DEL MONDO
FU CREATO NEL 1990

Benvenuti nel bizzarro, meraviglioso e stravagante mondo del Web.

UNA RETE TECNOLOGICA

Il World Wide Web è la rete su cui si basa Internet. Ognuna delle sue pagine ha un indirizzo, chiamato URL, a cui internet può accedere. Le pagine web sono legate tra loro tramite collegamenti ipertestuali. Un sito web è costituito da una serie di pagine web.

Visita la prima pagina web del mondo (è ancora lì) al:
http://info.cern.ch/hypertext/WWW/TheProject.html

Il NeXT, il primo server del web, è ancora al CERN di Ginevra, in Svizzera.

NEL MONDO, LA PASSWORD PIÙ COMUNE È 123456

NESSUNA PROTEZIONE

Quasi la metà del mondo, per proteggere computer, email e account bancari, usa password semplici da ricordare. Le password elementari includono sequenze di numeri o lettere come "1111" o "qwerty", e vere e proprie parole, come "scimmia". Persino scambiare le lettere con i numeri, come in "d0lc3", dà password deboli.

COSTRUISCI UNA PASSWORD PIÙ DIFFICILE DA DECIFRARE

La password deve essere semplice da ricordare per un uomo, ma difficile da decifrare per un computer, nient'altro. Usa quattro parole a caso che insieme non abbiano senso, ma che per te siano sicure e facili da memorizzare.

OGNI MESE VENGONO DIFFUSI 5.000 NUOVI VIRUS

CANALE D'INFEZIONE

Il malware è un codice che si impianta nel tuo PC e lo danneggia. Una volta installato, il finto software prende il controllo del tuo computer e ne invade altri. Ecco una guida ai tipi di malware a cui stare attenti nella giungla di internet.

VIRUS

Un programma che si insinua nelle applicazioni e attende che l'utente lo avvii.

BOTNET

È una rete di macchine zombie, controllate da remoto senza il permesso dell'utente.

WORM

Un programma singolo che diffonde copie di se stesso attraverso una rete di computer, rubando energia e banda.

TROJAN

Un programma che si spaccia per utile, ma che fornisce agli hacker una porta d'ingresso al tuo PC.

I COMPUTER QUANTISTICI SONO 100 MILIONI DI VOLTE PIÙ VELOCI...

... del tuo PC. Presto risolveranno problemi per cui anche i supercomputer impiegherebbero milioni di anni!

QUBIT

Un computer quantistico fa uso dei qubit. Un qubit (che si pronuncia cu-bit) è un "bit quantistico". A differenza dei tradizionali bit, che conservano informazioni sotto forma di 0 e 1, il qubit lo fa in 0, 1... o entrambi allo stesso tempo! Ciò dà ai computer quantistici una marcia in più quando si tratta di masticare numeri!

Il computer quantistico d'avanguardia di Google si chiama D-Wave 2X™.

IL SIMBOLO @ È IL CARATTERE PIÙ RECENTE DEL CODICE MORSE.

Prima dei telefoni, le persone si scrivevano messaggi usando il codice Morse. I radioamatori e alcune navi usano ancora questo sistema.

MORSE CERTO!

Per festeggiare il 160° anniversario della prima trasmissione telegrafica in Morse, nel 2004, è stato aggiunto il simbolo @ al codice Morse ufficiale. È stato il primo nuovo carattere aggiunto dalla prima guerra mondiale e permette di inviare gli indirizzi email.

Il simbolo della chiocciola @ è chiamato "a commerciale", ma si indica spesso anche con il termine inglese "at".

Telegrafo Morse

Punto-punto-linea

Ciao -•-• •• •- ---

Come stai -•-• --- -- •/••• - •- ••

Sto bene ••• - ---/-••• • -• •

POTERE ROBOT

Il termine robot viene dalla lingua ceca e significa lavoro pesante.

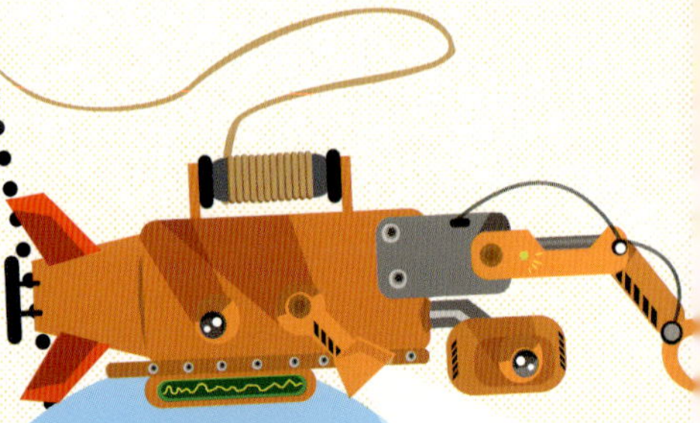

I robot possono assemblare le automobili – e guidarle – disarmare le bombe, immergersi nelle acque gelide dell'Antartide, esplorare pianeti lontani e… pulire i tappeti.

Condividiamo il pianeta con 9 milioni di macchine robotiche.

I robot possono entrare in ambienti pericolosi per gli esseri umani.

Il primo robot mai costruito è stato un uccello meccanico risalente al 400 a.C. che volò per 200 m.

Marte è il primo pianeta interamente abitato dai robot.

L'autore di romanzi di fantascienza Isaac Asimov ha ideato tre leggi per proteggerci dalle nostre creazioni robotiche:

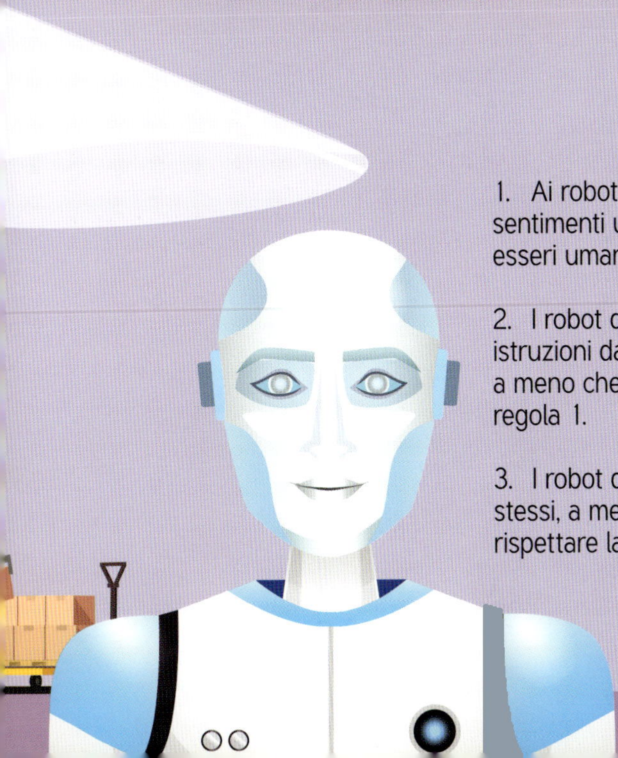

1. Ai robot non è permesso provare sentimenti umani, o fare del male agli esseri umani.

2. I robot devono obbedire alle istruzioni date loro dagli esseri umani, a meno che non contraddicano la regola 1.

3. I robot devono proteggere loro stessi, a meno che ciò significhi non rispettare la regola 2.

LE PARTI DEL CORPO

POSSONO ESSERE RICREATE IN LABORATORIO

Presto la chirurgia sarà in grado di sostituire le parti del corpo come i pezzi di ricambio di un'auto.

QUANTA SCELTA!

Gli scienziati stanno imparando a "coltivare" varie parti del corpo umano: muscoli, vasi sanguigni, tessuti della pelle, del cuore, delle orecchie, del naso e persino del cervello!

Salamandra

SUPERPOTERI ANIMALI

Stelle marine e salamandre non hanno problemi nel rigenerare parti del corpo mancanti. I vermi solitari riescono addiritura a farsi crescere una nuova testa.

Come creare un orecchio nuovo:

1. Fai una stampa 3-D in plastica dell'"impalcatura".

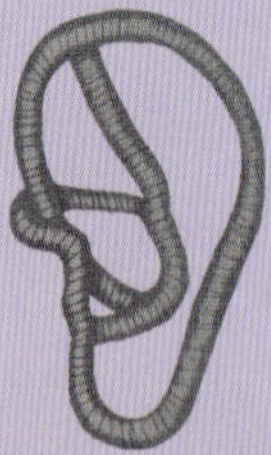

2. Impianta sull'impalcatura delle cellule staminali e immergile in un terreno di coltura.

3. Meravigliati di come le cellule crescono come in un giardino.

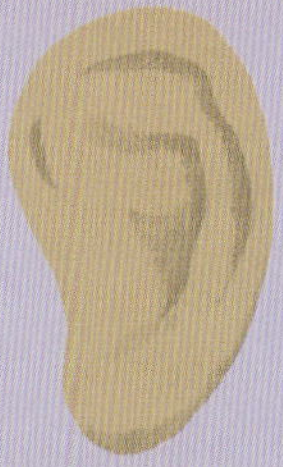

LE CAPRE-RAGNO ESISTONO DAVVERO

OMG! OGM!

Un organismo geneticamente modificato (OGM) è un essere vivente il cui DNA è stato rimaneggiato tramite ingegneria genetica - per esempio, i pomodori resistenti al freddo, che contengono geni antigelo di un pesce artico. Nonostante la parola OGM faccia pensare a mutanti con degli strani poteri, molti di essi sono solo piante resistenti ai parassiti.

LA SETA DELLA CAPRA-RAGNO

Per creare una supercapra che "filasse" seta, nel 1999 gli scienziati hanno impiantato nel DNA di una capra il gene di un ragno. Il latte di questa capra-ragno contiene proteine della seta, che possono essere separate dal latte per produrre seta leggerissima e molto resistente.

LE BANANE SONO CLONI

Clonare significa creare delle copie di una cellula o di un intero essere vivente. Un clone ha esattamente lo stesso DNA del suo originale, quindi, le banane e molte altre piante sono cloni, così come i batteri. Anche i gemelli identici sono dei cloni.

CLONARE UNA PECORA

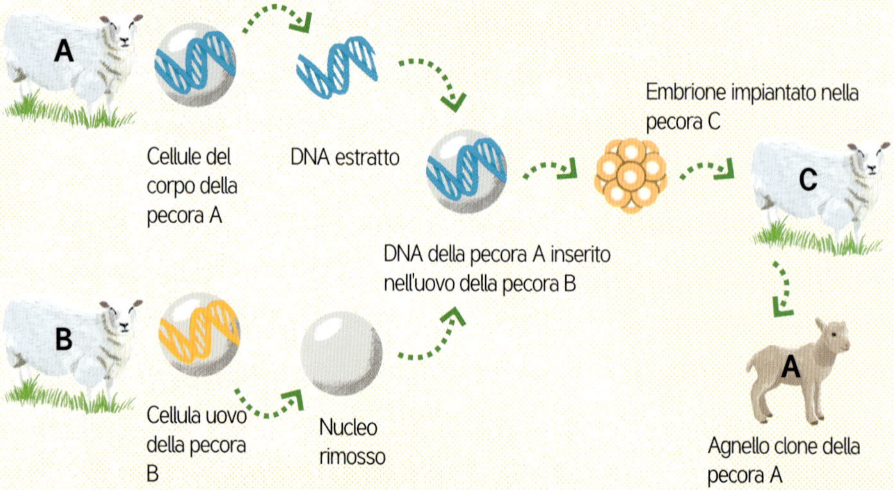

IN CLONAZIONE

Il tipo di clonazione più conosciuta è la clonazione riproduttiva. Nel 1996, questo processo permise la clonazione di una pecora, Dolly. La clonazione umana è illegale in molti paesi.

L'HAMBURGER DI CARNE PIÙ COSTOSO VALE 331.400 $

SCEGLI LA TUA CARNE

Nel 2013, a Londra, due volontari si sono seduti di fronte a un pubblico e hanno mangiato un hamburger. Lo strano spettacolo non era che la dimostrazione pubblica di un assaggio di carne artificiale. Quella carne aveva impiegato tre mesi a crescere ed era costata 331,400 $.

IN SPALLA!

La carne artificiale viene realizzata tramite cellule staminali provenienti dalla spalla di una mucca. In laboratorio, viene coltivata su lunghe fibre muscolari. I favorevoli a questa "creazione" dicono che può essere utile per salvare gli animali e per proteggere il pianeta, i contrari che ha uno strano sapore.

SONO SOLO 473 I GENI INDISPENSABILI ALLA VITA

VITA 2.0

I geni sono come dei "gancetti" che tengono insieme le spirali di DNA chiamate cromosomi. Essi contengono delle istruzioni in codice per far funzionare il corpo. Lo scienziato Craig Venter e il suo team posero in sequenza, uno per uno, i geni della cellula di un batterio. La squadra di scienziati si ritrovò ad avere un microbo perfettamente funzionante con soli 473 geni: il più piccolo genoma di un organismo unicellulare vivente.

Generalmente i batteri hanno 1.500-7.500 geni.

GENE GENIALE

Il genoma è il DNA completo contenuto in una cellula.

LE ZANZARE MUTANTI POTREBBERO SCONFIGGERE LA MALARIA

PALUDISMO

La malaria (o paludismo) è una malattia tropicale che si diffonde tramite le punture di zanzara. Causa l'esplosione dei globuli rossi e genera febbre e brividi.

La malaria uccide più di mezzo milione di persone all'anno.

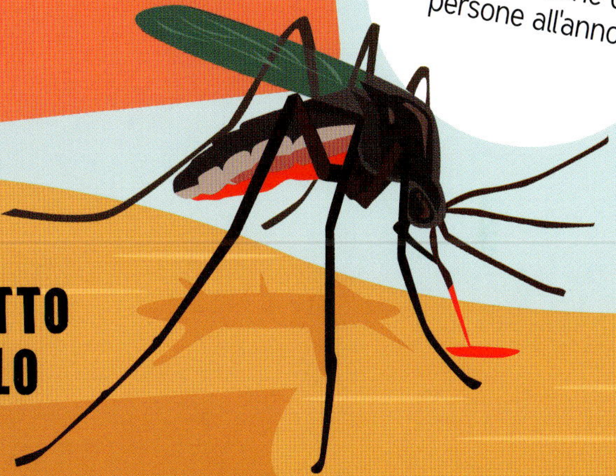

INSETTI SOTTO CONTROLLO

Gli scienziati stanno studiando e allevando delle zanzare dotate di un gene che renderebbe le femmine incapaci di riprodursi. Se diffuse sul pianeta, ridurrebbero il numero di zanzare naturalmente presenti e, quindi, la diffusione della malaria. Tuttavia, gli scienziati non sanno ancora se eliminando le zanzare, l'ecosistema potrebbe danneggiarsi.

OGNI MAGNETE HA UN POLO NORD E UN POLO SUD

MAGNETI MISTERIOSI

Anche se dividi una calamita a metà, non riuscirai a separare i suoi due poli. Al contrario, otterrai due nuovi magneti, ognuno con entrambi i poli - un dipolo. Anche se continui a tagliare la calamita, otterrai sempre un dipolo!

MONOPOLIO

Teoricamente un magnete con un solo polo — il monopolo —può esistere in natura. Nessuno, però, lo ha mai trovato.

Poli separati?

Sulla Terra, il Polo Nord è in realtà il polo sud magnetico. Il nord indicato da una bussola è attratto dal polo sud magnetico, che è a Nord da un punto di vista geografico. Che confusione!

I MAGNETI DA RISONANZA MAGNETICA (RMT) POSSONO STRAPPARTI L'OROLOGIO DAL POLSO

Senti la forza

L'attrazione esercitata da un macchinario per la risonanza magnetica (RMT) è così forte che potrebbe tirare via dalle tue tasche qualunque oggetto metallico. Per questo i medici hanno bisogno di sapere se il paziente ha pacemaker o piercing quando la usano.

ELETTROMAGNETI FREDDI

Gli elettromagneti, come quelli delle macchine per la RMT, sono spirali di ferro avvolte attorno a una barra di metallo. Usano l'elettricità per creare un campo magnetico e possono essere accesi o spenti. Gli elettromagneti più potenti sono grandi e, per poter agire, devono essere freddi.

Il campo magnetico di una RMT è 4.000 volte più forte del campo magnetico terrestre.

I CAMPI ELETTRICI POSSONO PIEGARE UNA FIAMMA

Con l'elettricità si può modellare il fuoco.

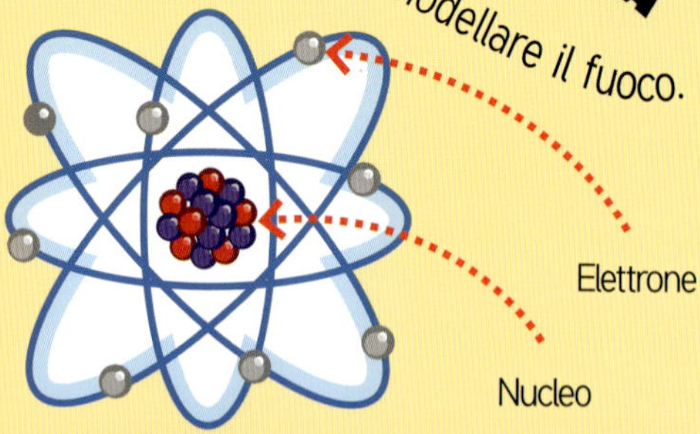

IL POTERE DEL FUOCO

Se poni una fiamma tra due piastre metalliche cariche, una positivamente e una negativamente, essa si piegherà verso quella con carica negativa. Perché? L'aria è fatta di atomi. In ognuno di quegli atomi, elettroni carichi negativamente ruotano attorno a un nucleo carico positivamente. Il calore che proviene dalla fiamma di una candela può spingere gli elettroni a volare via, lasciando l'atomo carico positivamente – lo "ione". Gli ioni vengono attratti dalla carica negativa della piastra e modificano la forma della fiamma.

IL LARGE HADRON COLLIDER È IL MACCHINARIO PIÙ GRANDE DEL MONDO

Il LHC è un acceleratore di particelle a forma di anello che sta cambiando la nostra visione dell'Universo.

Scienza d'impatto

Le piccolissime particelle di materia sfrecciano in un tunnel sul confine franco-svizzero. I protoni percorrono l'anello di 27 km 11.245 volte al secondo – cioè quasi alla velocità della luce. Quando si scontrano – "BOOM!" – una luce accecante ci dà solo un'idea di ciò che avvenne alla materia subito dopo il Big Bang.

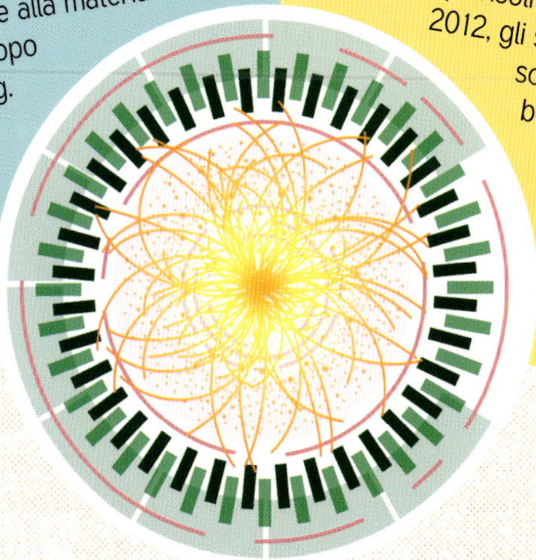

Un'ottima scoperta

Dopo lo scontro, nel punto in cui è avvenuto, l'acceleratore cerca tipi insoliti di materia. Nel 2012, gli scienziati hanno scoperto così il bosone di Higgs, che si pensa conferisca alla materia la sua massa.

LA GRAVITÀ È LA FORZA FONDAMENTALE PIÙ DEBOLE GIÙ SULLA TERRA

La gravità è la forza che ti tiene con i piedi per terra e fa sì che i pianeti orbitino intorno al Sole. Di certo non la percepisci debole quando cadi! Tuttavia, l'attrazione gravitazionale del pianeta su un chiodo di ferro può essere vinta facilmente da una piccola calamita.

La gravità è 10.000 bilioni di bilioni di bilioni di volte più debole della forza elettromagnetica.

FORZE FONDAMENTALI

Sono solo quattro le interazioni che controllano il nostro universo. L'**interazione nucleare forte** e quella **debole** tengono insieme i nuclei degli atomi. L'**elettromagnetismo** ha a che fare con l'elettricità, con il magnetismo e con il modo in cui gli atomi interagiscono tra loro. La **gravità** fa in modo che gli oggetti dotati di massa si attirino reciprocamente.

In un cavo, gli elettroni **SI MUOVONO A UNA VELOCITÀ RIDOTTA!**

Ma accendi la radio e prenderà vita immediatamente!

VELOCITÀ DELLA LUCE

La corrente elettrica si ottiene mediante la circolazione degli elettroni nei cavi. Nonostante gli elettroni si muovano lentamente, le onde elettromagnetiche che li spingono nel cavo raggiungono quasi la velocità della luce, a circa 270,000 km al secondo! Questa spinta fa sì che tutti gli elettroni inizino a muoversi quasi nello stesso istante.

Gli elettroni, in un cavo, si muovono a 1 mm al secondo.

RAGGI INVISIBILI

I nostri occhi sono in grado di vedere alcuni tipi di radiazioni elettromagnetiche, che chiamiamo luce visibile.

Le microonde sono radiazioni usate per le reti dei cellulari e per cucinare più velocemente.

Ci sono altri tipi di radiazioni elettromagnetiche che non riusciamo a vedere.

Le onde radio vengono usate per TV, radio e per la comunicazione telefonica.

Le onde radio viaggiano intorno al mondo e rimbalzano sui satelliti.

Il radiotelescopio capta onde radio deboli che arrivano dallo spazio.

Occhiali per la visione notturna

Anche gli oggetti caldi emettono luce. Questo tipo di radiazioni - gli infrarossi - sono visibili solo con gli occhiali da visione notturna.

I raggi X si usano per guardare nel corpo umano, perché attraversano i muscoli, ma non le ossa.

I raggi gamma, rilasciati da bombe e reattori nucleari, sono i raggi di luce con maggiore energia.

I bollenti raggi UV del Sole possono causare scottature della pelle.

Se vedessimo le microonde IL CIELO CI SEMBREREBBE INFUOCATO

BAGLIORE COSMICO

Risale all'anno 1964 una delle più importanti scoperte mai fatte, e per puro caso! Cercando di eliminare l'interferenza acustica di un loro ricevitore satellitare, due scienziati scoprirono che l'intero cielo era illuminato da un bagliore molto tenue: la radiazione cosmica di fondo (CMBR).

FOTO DELL'UNIVERSO APPENA NATO

La CMBR è la luce più vecchia visibile ai nostri occhi. Nata nel momento in cui la luce apparve per la prima volta nell'Universo, è ciò che è rimasto della tempesta energetica da cui esso nacque.

LE MICROONDE SONO STATE SCOPERTE PER CASO

CALORE RAPIDO

Utili per scongelare i cibi e per fare i popcorn, i forni a microonde sono una componente essenziale per una cucina moderna. L'apparecchio fu inventato nel 1946, quando l'ingegnere Percy Spencer, rimasto per un po' vicino a un magnetron (un tubo che produce microonde), notò che la barretta di cioccolato che aveva in tasca si era sciolta. Incuriosito, ruppe un uovo sotto il dispositivo. L'uovo esplose e gli si spiaccicò in faccia.

ACQUA CALDA

Le microonde trasmettono energia alle molecole d'acqua presenti nel cibo. Quando si propagano, il cibo si scalda.

STRANO, MA VERO

Anche il tuo router per Internet emana microonde, ma non nocive!

QUANDO CADI, HAI UN
LIMITE DI VELOCITÀ

IL LIMITE DEL CIELO

La velocità limite è la velocità massima con cui qualcosa può cadere. Saltando giù da un aeroplano, in teoria, finché non tocchi terra, la tua velocità dovrebbe aumentare sempre di più. In realtà, l'aria che c'è nell'atmosfera frena il tuo movimento. A un certo punto, la resistenza dell'aria diventa più potente della gravità, e quindi rallenti, fino ad avere entrambe le forze bilanciate. Se cadi a pancia in giù e ti stendi come una tavola, puoi raggiungere la velocità limite di circa 200 km/h.

LA CADUTA PIÙ RAPIDA

Lo spericolato Felix Baumgartner, nel 2012, paracadutandosi dallo spazio, raggiunse i 1.357,64 km/h.

IL BATTITO D'ALI DI UNA FARFALLA IN BRASILE PUÒ CAUSARE UN TORNADO NEGLI USA!

L'EFFETTO FARFALLA

Gli scienziati usano i supercomputer per cercare di prevedere alcuni fenomeni naturali, come il tempo atmosferico. I computer sono pieni di dati che riguardano il "sistema-mondo" e che vengono usati per fare delle previsioni su quanto accadrà in futuro. Ovviamente, più dati sono raccolti, più la previsione è sicura. Tuttavia, per i sistemi complessi, anche cambiamenti minimi – come il movimento dell'aria causato dal battito d'ali di una farfalla – può avere effetti enormi e inaspettati.

IL REGNO DEL CAOS

Non c'è modo di misurare tutto ciò che compone un sistema complesso. Ecco perché le previsioni del tempo non sono veritiere se fatte con molti giorni d'anticipo.

100 MILIARDI DI NEUTRINI TI OLTREPASSANO OGNI SECONDO

"Neutrino" significa "piccola particella neutra".

PARTICELLE FANTASMA

Il neutrino è una delle particelle elementari più difficili da individuare. Non pesa quasi nulla, non ha carica elettrica e viaggia quasi alla velocità della luce. Visto che i neutrini sono minuscoli e non si muovono per effetto di campi magnetici ed elettrici, le sostanze solide sono per loro quasi come lo spazio vuoto. Sfrecciano attraverso i 12.742 km di diametro della Terra come se il pianeta non fosse lì.

Molti dei neutrini che attraversano il tuo corpo vengono dal Sole.

Nessuno sa per certo perché
L'UNIVERSO È MATERIA

La materia ha una gemella cattiva: l'antimateria!

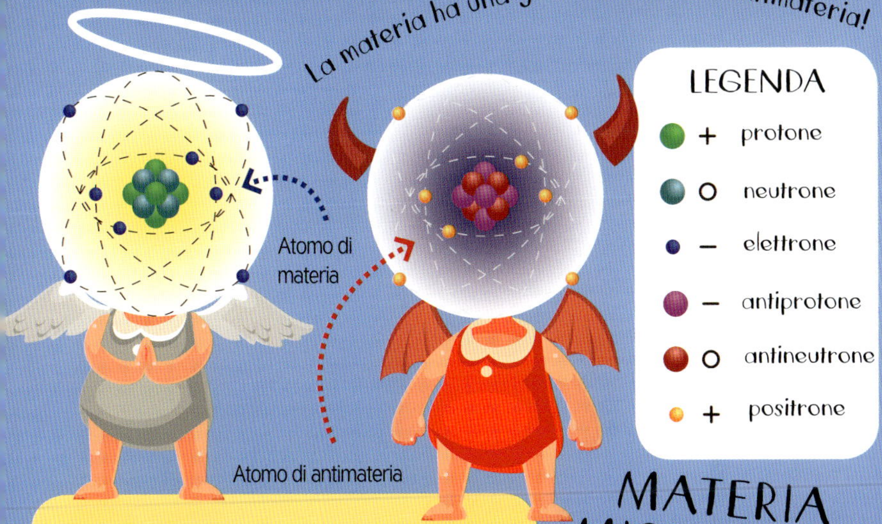

PROBLEMA DOPPIO

Ogni particella di materia ha un suo corrispondente anti-se stesso. A parità di massa le due "sorelle" sembrano uguali. In realtà, però, hanno una carica opposta e un diverso "spin*". Quando la materia e l'antimateria si incontrano, esplodono e si distruggono a vicenda, non lasciando nulla.

MATERIA MISTERIOSA

Le esplosioni superenergetiche riprodotte nei laboratori creano materia e antimateria in uguale quantità. Se questo fosse accaduto durante il Big Bang, la materia e l'antimateria si sarebbero annullate a vicenda. Perché questo non è successo? Nessuno lo sa!

* Carica e spin sono proprietà fondamentali delle particelle subatomiche.

LE MALATTIE NON SI DIFFONDONO TRAMITE GAS INVISIBILI

NEMICI NASCOSTI

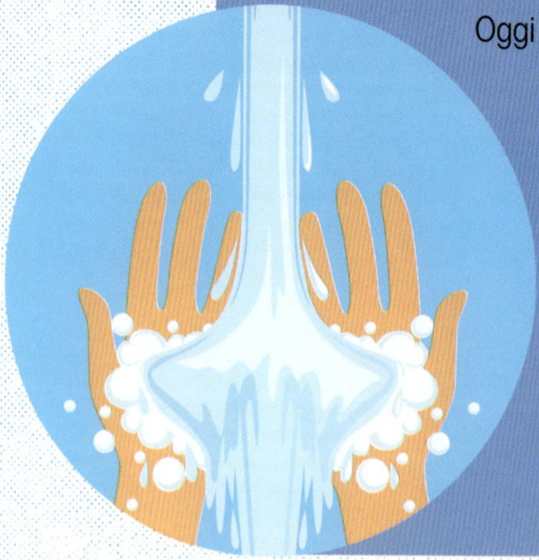

Oggi sappiamo con certezza che sono dei microscopici organismi a diffondere le malattie. Una volta si trattava di un'idea controversa! Medici e scienziati pensavano che le malattie fossero causate dai gas velenosi. Cos'è cambiato? Be', il microscopio ci ha fatto vedere i germi! La teoria dei germi è determinante anche per la moderna idea di igiene. Quindi, va' subito a lavarti le mani!

COPRITI LA BOCCA

Gli starnuti spargono nell'aria migliaia di minuscole gocce di saliva e muco piene di microbi. Nella maggior parte dei casi, il tuo corpo riesce a combattere questi nemici invisibili, ma, quando le tue difese sono basse, accade di contrarre un'infezione.

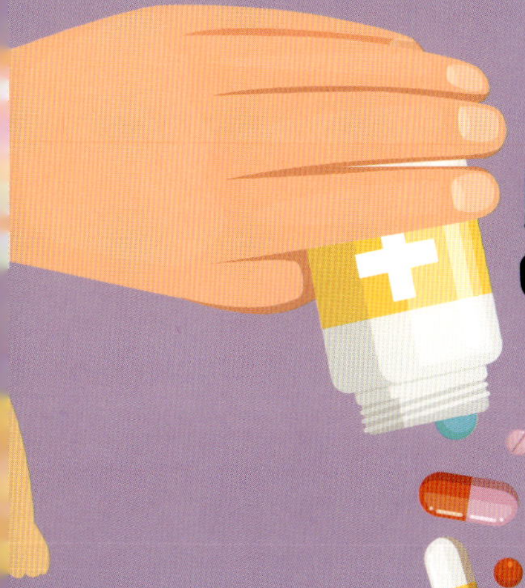

IL MISTERIOSO EFFETTO PLACEBO

CI FA STARE MEGLIO SENZA MEDICINE

FARMACI PER TUTTI

Anche i finti farmaci possono far stare meglio le persone. Un placebo è un farmaco che non contiene altro che zucchero. Tuttavia, quando si è convinti di assumere una medicina, è possibile comunque avere dei miglioramenti nei sintomi della malattia. Gli esperti sono strabiliati dalla capacità della mente umana di trasformare qualcosa di posticcio in un farmaco funzionante!

LE PROVE

Negli esperimenti per testare nuovi farmaci, metà dei soggetti riceve il vero farmaco, l'altra metà il placebo.
Gli esiti delle prove su entrambi i gruppi vengono poi comparati per capire se il medicinale ha agito meglio della pillola di zucchero.

LA TEMPERATURA PIÙ BASSA POSSIBILE È -273,15 °C

GHIACCIO SOLIDO

Gli scienziati usano una scala speciale per misurare il calore delle sostanze. È chiamata scala Kelvin, in onore del fisico scozzese William Thompson (detto anche Lord Kelvin). Zero Kelvin è la temperatura più bassa che si possa avere in natura. Chiamata "zero assoluto", è la temperatura a cui gli atomi si spengono e non è più presente energia al loro interno.

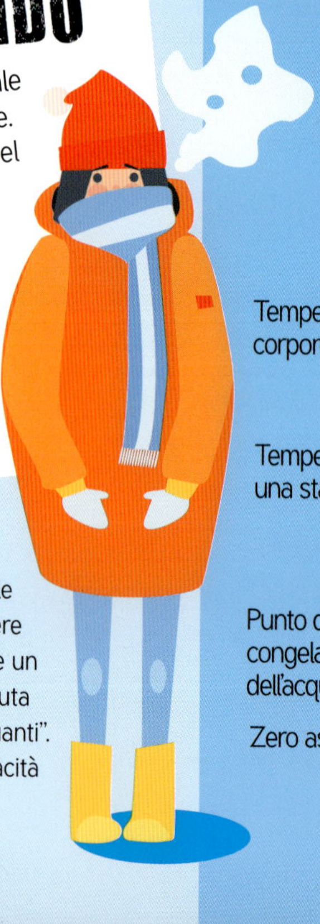

IL MINIMO

Lo zero assoluto è praticamente impossibile da raggiungere. Ecco perché, a prescindere da quanto freddo ci sia, rimane comunque un briciolo di energia, anche se minima, dovuta all'ondulazione di particelle più piccole, i "quanti". Alla meccanica dei quanti è dovuta la capacità dell'elio di rimanere liquido anche a temperature bassissime.

IL VUOTO PERFETTO È IMPOSSIBILE

Lo spazio contiene meno di una molecola per 1 m^3.

VUOTO ESTREMO

Il vuoto puro non dovrebbe contenere materia. Ma anche la migliore pompa a vuoto lascia dei residui in un contenitore. Impronte digitali, plastica, alcuni metalli sulle intercapedini o sulle pareti del contenitore rilasciano vapore anche in condizioni di quasi-vuoto.

SPAZIO VUOTO

Il vuoto quasi completo si trova solo nello spazio. Ecco perché gli astronauti indossano una speciale tuta a pressione e portano con loro delle scorte di ossigeno. Tuttavia, anche lo spazio contiene piccole particelle di polvere cosmica che fluttuano insieme agli atomi di idrogeno ed elio.

ONDE SONORE

Il posto più silenzioso della terra è una camera anecoica del Minnesota, che assorbe il 99,99% dei suoni.

Il suono più forte mai registrato fu l'eruzione del vulcano Krakatoa, nel 1883.

La spaccatura distrusse una piccola isola indonesiana ed echeggiò quattro volte per il pianeta.

È vero, nello spazio nessuno può sentirti urlare. L'energia del suono passa attraverso le particelle che vibrano, ma lo spazio è vuoto.

Le persone che soffrono di "misofonia" odiano alcuni suoni, come quello della masticazione, il click delle penne, il tamburellare delle dita, il battere sulla tastiera.

Il Sole suona come una campana. Il ribollire del suo plasma fa vibrare tutta la stella.

Gli "ultrasuoni", che gli esseri umani non possono udire, sono usati per scattare immagini ai bambini nel grembo materno.

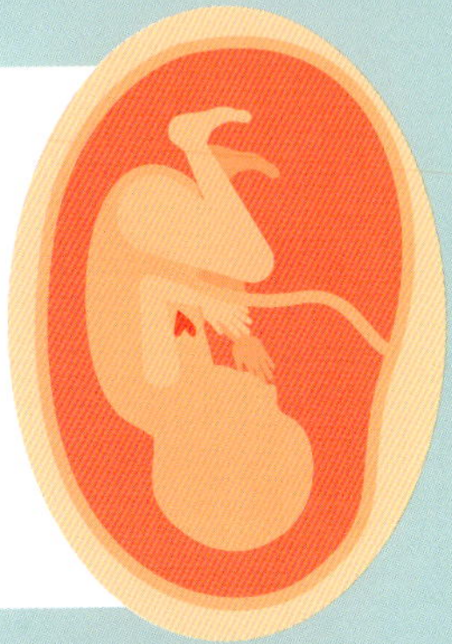

Talvolta si parla della cosiddetta "nota marrone", un suono che dovrebbe far scattare il bisogno del... bagno. Ma è una leggenda!

Un nuovo tipo di estintore sfrutta le basse frequenze per spegnere il fuoco.

Ascoltare suoni bassi mentre si mangia può farti avvertire il sapore del cibo come più amaro.

Il fruscìo delle foglie o il battere della pioggia sul tetto sono suoni in grado di rallentare l'attività cerebrale e possono aiutarti a dormire meglio.

IL VENTO NON SOFFIA MAI IN LINEA RETTA

TURBINI E TEMPESTE

Il vento è il movimento dell'aria causato dalla differenza di pressione nell'atmosfera. Soffia da luoghi con alta pressione ad aree con pressione più bassa. Tuttavia, poiché il pianeta ruota su se stesso, il vento si curva. Questo si chiama effetto Coriolis e spiega perché le tempeste tropicali ruotano in senso orario nell'emisfero settentrionale e antiorario in quello meridionale.

Hai 1 tonnellata d'aria che preme sopra di te – è quasi il peso di una piccola auto.

FORZE INVISIBILI AGISCONO SUI CORPI IN MOVIMENTO

Le forze non si vedono e qualcuna di queste può far muovere gli oggetti senza toccarli. Questi strane energie che muovono le cose sono state descritte per la prima volta da Isaac Newton.

LE TRE LEGGI DEL MOTO
(Principi della dinamica)

1 Un corpo rimane fermo o mantiene la sua velocità costante finché una forza non agisce su di esso (non c'è bisogno di una forza costante per mantenere le cose in movimento.*)

2 Le forze fanno cambiare velocità alle cose.

3 Per ogni forza applicata, ce n'è sempre una uguale che agisce in direzione opposta.

* Purché non ci siano forze che resistono al movimento. L'attrito resiste al movimento, ecco perché una bici in corsa richiede una forza costante.

LA FORMA SEGRETA DELLE ALI FA VOLARE GLI AEREI

A PORTATA D'ALA

Quando sali su un enorme tubo metallico e voli su nel cielo, è confortante sapere che la fisica può spiegare perché non cadi giù. Le ali degli aerei sono conformate in modo che l'aria possa muoversi più velocemente sopra di esse invece che sotto grazie a una forza chiamata portanza.

3. L'alta pressione sotto l'ala genera una spinta verso l'alto, la portanza.

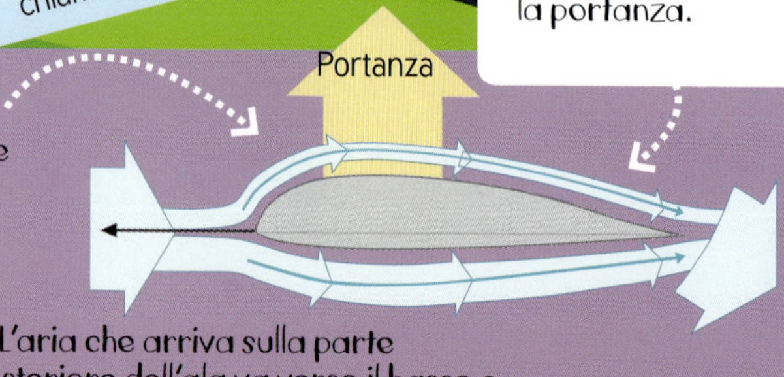

1. L'aria si muove sopra le ali con una bassa pressione.

2. L'aria che arriva sulla parte posteriore dell'ala va verso il basso e questo genera una spinta verso l'alto.

IL MANTELLO DELL'INVISIBILITÀ ESISTE!

Chi non ha mai sognato di passare inosservato tra una folla di gente ignara?

Velivolo stealth

FURTIVO

Nascondere il volo di un aereo è compito delle tecnologie di rilevamento. I velivoli stealth hanno una forma quasi invisibile ai radar, motori silenziosi e un colore radar-assorbente. Tuttavia, proiettano la loro ombra.

IL MANTELLO

Gli scienziati stanno lavorando anche a dei metamateriali quasi magici. Nonostante non funzionino ancora bene come il mantello dell'invisibilità di Harry Potter, possono respingere la luce del sole, come se non ci fossero. Poiché il percorso della luce intorno a un oggetto è più lungo di quello che lo attraversa, però, essi sono ancora individuabili.

LE PARTICELLE DI FUMO RENDONO VISIBILI ATOMI E MOLECOLE

MOVIMENTO ALLEGRO

Metti delle particelle di fumo, dei granelli di polvere o di polline in acqua sotto un microscopio e vedrai la loro disordinata danza. Fu lo scienziato scozzese Robert Brown a scoprire il cosiddetto "moto browniano" nel 1827.

ATOMICO!

Nel 1905, il genio Albert Einstein pensò che questo movimento casuale potesse essere in realtà causato da atomi invisibili di gas (o molecole d'acqua) che collidevano con il fumo o il polline. Facendo dei calcoli, provò matematicamente che la materia è fatta di minuscole particelle e che è possibile capire quanto sono grandi gli atomi.

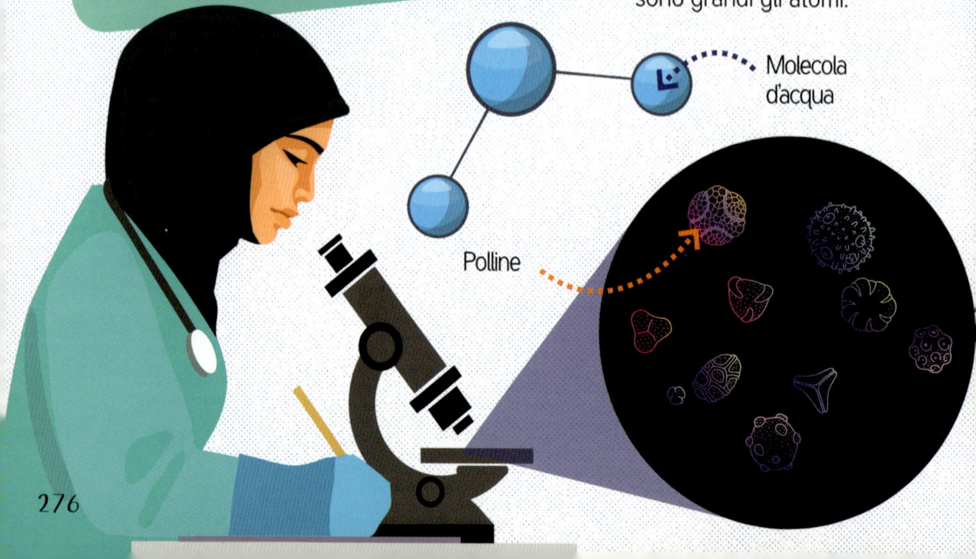

UN MERCANTE DI STOFFE OLANDESE FU IL PRIMO A VEDERE I MICROBI

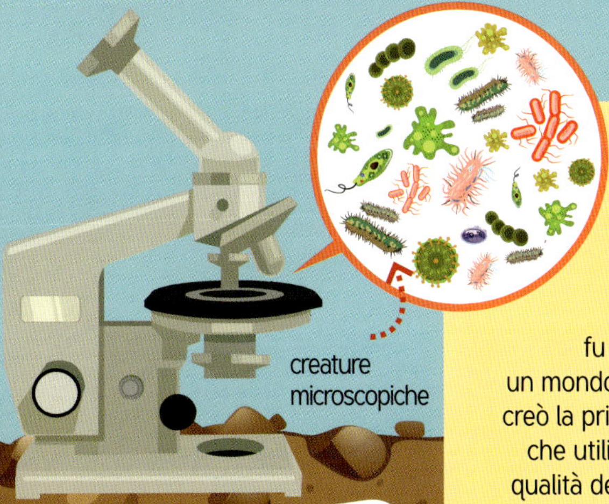

PICCOLE CREATURE

Negli anni '70 del '600, Antonie van Leeuwenhoek fu la prima persona a vedere un mondo nascosto. Leeuwenhoek creò la prima lente d'ingrandimento, che utilizzava per controllare la qualità delle stoffe. Quando la usò per guardare l'acqua di uno stagno, si accorse della presenza di tante piccole bestioline che si muovevano e che nessuno aveva mai visto.

PIANETA BATTERICO

Gli esseri umani non sono degli orgamismi "tipici". La maggioranza delle creature sulla Terra è costituita da esseri unicellulari invisibili senza microscopio.

Ci sono più microorganismi in un pizzico di terra che persone sul pianeta.

NOI VEDIAMO
UN SOLO LATO DELLA LUNA

FISSA SU DI TE

La Luna non rimane ferma a guardarci. Se non ruotasse, noi ne vedremmo tutti i lati, visto che si muove anche intorno al nostro pianeta. Invece, la Luna si muove intorno al suo asse esattamente come si muove intorno alla Terra, per questo conosciamo un suo solo lato.

SINCRONIA PERFETTA

Questo fenomeno si chiama rotazione sincrona. La maggiore gravità della Terra agisce come un freno e rallenta la rotazione del suo satellite.

SULLA LUNA

Nel 1959, grazie alla nave spaziale sovietica Luna 3, gli uomini hanno potuto osservare la "faccia nascosta" della Luna.

LE STELLE CI SONO ANCHE DURANTE IL GIORNO

Stelle e galassie non scompaiono durante il giorno! Sono invisibili, perché la luce del Sole è più luminosa.

Cielo senza stelle

COPERTE DALLA LUCE

Durante la notte, quando il sole non c'è, ci si rivela la meraviglia dell'universo. Ma mentre la Terra gira, i raggi che si propagano dalla nostra stella fanno diventare il cielo azzurro e ci impediscono di vedere la luce delle stelle.

Cielo stellato

BUON GIORNO, LUNA

La luna è abbastanza luminosa da poter essere visibile anche di giorno. Finché non inizia un nuovo ciclo puoi vederla quotidianamante.

LA LUCE È SIA UNA PARTICELLA SIA UN'ONDA

Diversi esperimenti la mostrano come insieme di "punti" o "onde".

È UN'ONDA!

La luce visibile è un tipo di radiazione elettromagnetica che l'uomo è in grado di vedere. Essa scorre attraverso campi elettrici e magnetici e, come un'onda sonora, o un'onda del mare, non ha bisogno di un mezzo da cui passare. Proprio perché attraversa il vuoto dello spazio, noi riusciamo a vedere la luce delle stelle.

LA LUCE COME ONDA

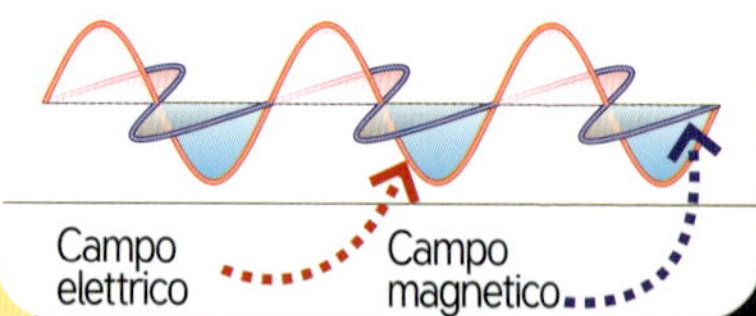

È UNA PARTICELLA!

Altri esperimenti mostrano che la luce arriva in pacchetti o puntini chiamati "fotoni". I fotoni volano nello spazio come piccoli proiettili.

Allora, la luce è un'onda o una particella? È entrambe!

IL MONDO DEI QUANTI È MISTERIOSO

Usando queste misure, le regole sono diverse.

FATTI SCONOSCIUTI

Esplorando il mondo con la scala dei quanti – più piccoli degli atomi – gli scienziati hanno scoperto delle regole fisiche molto diverse. I quanti possono avere solo livelli fissi di energia e interagiscono tra loro senza toccarsi, un po' come i denti di un ingranaggio. Nel mondo misurato secondo la scala atomica, non puoi notare l'effeto dei quanti.

Fotoni

ENERGIA DEI QUANTI

Quando la luce interagisce con le particelle subatomiche, viene scomposta. Ogni pacchetto di luce – o fotone – porta una percentuale fissa di energia.

STRANEZZA QUANTISTICA

Le regole dell'universo sono molto diverse da quelle del regno dei quanti!

Le particelle possono accoppiarsi, in modo che quello che succede a una possa succedere anche all'altra.

Questa "correlazione quantistica" funziona anche se le particelle si trovano ai due estremi opposti dell'Universo.

È impossibile conoscere il punto in cui si trova la particella e, al contempo, la sua velocità.

Uno dei più assurdi effetti quantistici è che le particelle possono essere in due posti allo stesso tempo.

Gli effetti quantistici mantengono in vita la Terra – senza di essi il Sole smetterebbe di splendere e le piante non sarebbero in grado di trarre energia dalla sua luce.

L'effetto tunnel è l'effetto quantistico secondo cui una particella può trovarsi dall'altro lato di una barriera senza attraversarla.

I pettirossi hanno un senso magnetico. Gli esperimenti hanno provato che esso fa uso degli effetti dei quanti.

Ti sembra una magia? L'effetto tunnel, in realtà, regola anche il modo in cui un microchip cambia lavoro in un dispositivo elettronico.

Nel 2017, gli scienziati cinesi hanno usato la correlazione quantistica per teletrasportare dei fotoni dalla Terra allo spazio.

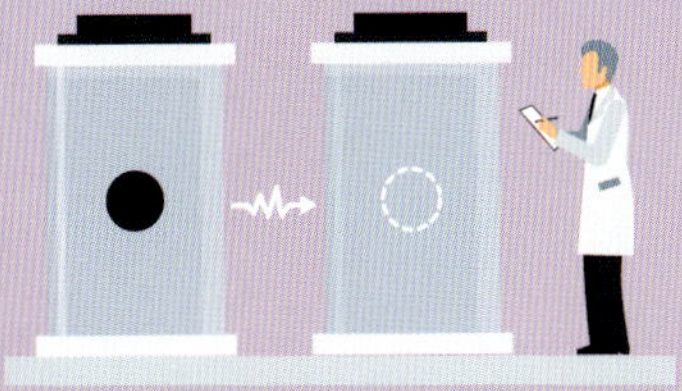

POTREBBERO ESSERCI ALTRI "TE" IN UNIVERSI PARALLELI

Sei spaventato da questa notizia ufficialmente esplosa?

UNIVERSI PARALLELI?

Potrebbero esserci* Universi alternativi rispetto a quello in cui viviamo.

QUANTI?

Infiniti. Se le teorie fossero vere**.

ALLORA, DIMENTICHIAMO L'UNI-VERSO?

OK! "Uni" significa uno. Abbiamo quindi un "multiverso"!

PERCHÉ DEI MULTIPLI DI "ME"?

Perché se ci sono infiniti mondi, ci sono infinite Terre e infiniti "te". Possono esserci infinite possibilità – e puoi essere il primo o l'ultimo della "fila".

*in teoria!
**non abbiamo modo di provarlo... ancora!

I LAMPI GAMMA SONO LE ESPLOSIONI PIÙ POTENTI DELL'UNIVERSO

Grazie ai satelliti lanciati negli anni '60 è stata fatta una scoperta inaspettata.

APPARISCENTI

I lampi gamma (GRB) sono lampi di luce molto intensa provenienti dallo spazio. Possono durare pochi millisecondi e si hanno nel momento esatto in cui una stella massiccia muore. Sono le più potenti e luminose esplosioni che si verificano nell'universo.

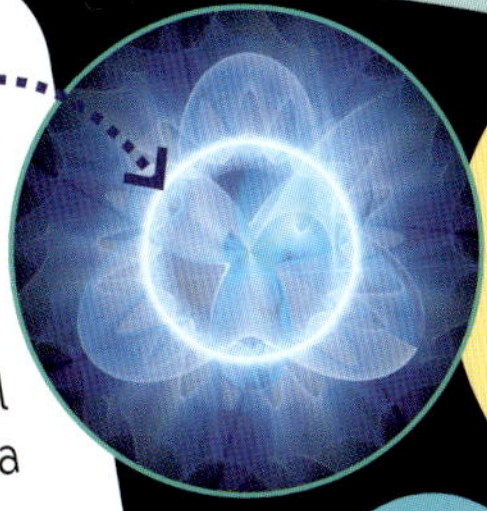

La luce dei GRB è un milione di volte più intensa di quella di un'intera galassia.

RAGGI COSMICI

Gli scienziati hanno scoperto ben 6.000 GRB da datare. Circa due al giorno. Fortunatamente per noi, la nostra atmosfera blocca i pericolosissimi raggi gamma.

PIÙ LE COSE SONO PESANTI PIÙ SI MUOVONO VELOCI

L'Universo ha un limite di velocità!

NON SUPERARE I 299.792 KM AL SECONDO

Se le cose potessero muoversi più velocemente, il mondo sarebbe in pericolo: una freccia colpirebbe il bersaglio prima di essere scagliata!

La più famosa equazione della scienza...

$$E = mc^2$$

... dice che massa ed energia sono la stessa cosa. Dato che la luce non ha massa, va alla maggiore velocità possibile. Le particelle di materia, invece, hanno bisogno di energia per andare più veloci, e quindi di accumulare massa. Ciò significa che hanno bisogno di più energia finché, finalmente, non ce n'è abbastanza nell'Universo per portarle alla velocità della luce.

IL TEMPO È PIÙ LENTO PER CHI VA MOLTO VELOCE

Il tempo non è lo stesso per tutti.

GUARDANDO L'OROLOGIO

Il tempo si comporta in modo divertente alla velocità della luce. Immagina dei gemelli: uno sta sulla Terra, l'altro procede alla velocità della luce verso una stella vicina. Al suo ritorno, il fratello che ha viaggiato nello spazio sarà più giovane di quello rimasto sulla Terra. Perché? Nel suo viaggio ad altissima velocità il tempo ha rallentato, quindi, per quel gemello, sono passati meno anni.

Il "paradosso dei gemelli" è una delle strane teorie conseguenti alla formulazione della relatività di Einstein.

Albert Einstein

NULLA SFUGGE A UN BUCO NERO

Non cadere in un buco nero! La sua fortissima gravità ti allungherebbe fino a farti diventare uno spaghetto!

BUCHI NELLO SPAZIO

Nessuno ha mai visto un buco nero. I buchi neri non emanano luce, quindi non possono essere visti, ma hanno talmente tanta materia all'interno, che la loro gravità è straordinariamente potente.

SENZA VIA D'USCITA

Per sfuggire all'attrazione gravitazionale della Terra, un oggetto deve muoversi ad almeno 11 km/h (33 volte la velocità del suono). Invece, la velocità per scappare da un buco nero è maggiore della velocità della luce. Fisicamente impossibile per qualunque cosa nel nostro universo!

LA GRAVITÀ POTREBBE NON ESISTERE

FORZA DEBOLE

Isaac Newton sviluppò la sua teoria sulla gravità nel XVII secolo, rendendola per lungo tempo la forza più importante mai conosciuta. Tuttavia, la gravità è molto meno conosciuta di quanto si pensi. Non sappiamo, per esempio, perché attragga e non spinga, perché sia così debole e perché non vada d'accordo con la meccanica quantistica.

SCIENZA RIBELLE

Pochi bravi scienziati ritengono che la gravità possa essere un po' come la temperatura. Noi avvertiamo il calore, ma nessuna particella ha "calore", perché esso è generato dal movimento delle particelle. E se la gravità non fosse una forza fondamentale ma qualcosa che nasce dal modo in cui le particelle interagiscono tra loro?

Gravità all'opera

Sir Isaac Newton

UNA MISTERIOSA ENERGIA OSCURA STA ESPANDENDO L'UNIVERSO

L'energia oscura è il più grande problema irrisolto della scienza.

AVANTI VELOCE!

Il nostro universo sta diventando più grande. Invece di essere rallentato dalla gravità dei miliardi di stelle che contiene, la sua espansione si sta velocizzando! Un'energia misteriosa sta sconfiggendo la forza di gravità e gli astronomi non sanno spiegare il perché. Ecco perché la definiscono energia "oscura".

FORZA OSCURA

Per sovrastare la forza di gravità, l'energia oscura deve costituire il 70% di ogni cosa. È difficile da credere, ma i tre quarti del nostro universo sono fatti di materia oscura!

GRAN PARTE DELL'UNIVERSO È IRRAGGIUNGIBILE

QUANTO È GRANDE L'UNIVERSO?

Grande in modo inimmaginabile, che è tutto ciò che sappiamo al momento!

UNIVERSO OSSERVABILE

La parte che siamo in grado di vedere oggi si estende per 14 miliardi di anni luce in ogni direzione. Quindi, una sfera di 28 miliardi di anni luce di diametro. Ma non è sicuramente tutto lì!

PERDERE DI VISTA LE COSE

Noi riusciamo a vedere solo i luoghi in cui la luce ha viaggiato nel corso della vita dell'universo. Lo spazio, però, si è espanso più velocemente portandosi via dalla nostra vista.

Osservatorio

PERSINO PIÙ GRANDE

Le stime variano, ma si pensa che l'Universo sia 250 volte più grande di come lo vediamo.

MODI IN CUI IL MONDO POTREBBE FINIRE

Il Planetary Defense Coordination Office (PDCO – Ufficio per il Coordinamento della Difesa Planetaria) di Washington D.C. (USA) tiene il mondo al sicuro da pericoli provenienti dallo spazio.

Esistono 1.489 asteroidi potenzialmente pericolosi, di oltre 100 m di diametro, che potrebbero arrivare molto vicino a noi.

Il PDCO monitora asteroidi e comete la cui orbita potrebbe portarli a 8 milioni di chilometri dalla Terra.

L'ultimo grosso impatto è avvenuto 65 milioni di anni fa e uccise i dinosauri.

Un asteroide di 10 km di ampiezza colpisce la Terra ogni 100 milioni di anni.

Un lampo gamma proveniente da una stella vicina potrebbe "friggere" il nostro pianeta con un solo raggio.

Alcuni scienziati ritengono che i buchi neri, prima o poi, ingoieranno l'intero universo.

Entro 5 miliardi di anni la nostra stella, il Sole, morirà...

Esso diventerà una gigante rossa. Le sue dimensioni aumenteranno e inglobera i pianeti vicini.

La superficie della Terra verrà bruciata, il pianeta diverrà simile a Venere e la vita scomparirà.

NIENTE PANICO!

È vero... prima o poi la Terra non ci sarà più, ma è probabile che, per allora, gli uomini vivranno su un altro pianeta ospitale.

NEL 1977 SIAMO STATI CONTATTATI DAGLI ALIENI?

PORTAMI DA CHI COMANDA!

22.15 del 15 agosto 1977. Jerry Ehman era al lavoro al radiotelescopio Big Ear del Delaware, in Ohio. Improvvisamente, l'attrezzatura captò un segnale radio proveniente dalla costellazione del Sagittario: era 30 volte più potente del rumore di fondo. Eccitato, Ehman scrisse "Wow!" sulla stampa del tabulato del computer.

WOW!

Il segnale di 72 secondi noto come "segnale Wow!" non fu mai più rilevato, e alcune persone sono CERTE che si sia trattato di un contatto con gli alieni. Nel 2012, il radiotelescopio Arecibo di Puerto Rico mandò una risposta. Il "Saluto dalla Terra" conteneva 10.000 messaggi Twitter, e video dalle celebrità.

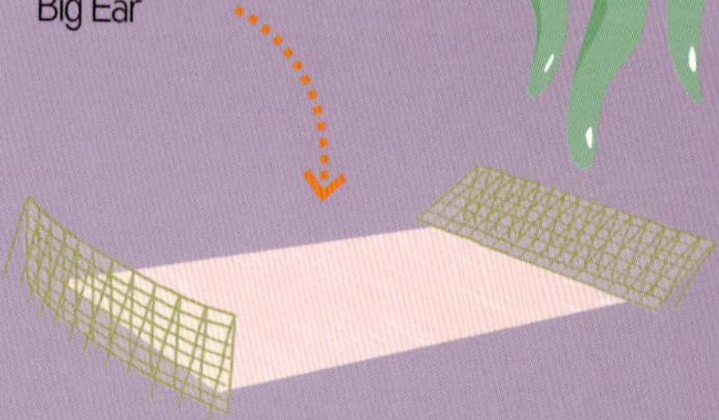
Radio telescopio Big Ear

POTREBBERO ESSERCI 40 MILIARDI DI PIANETI

SIMILI ALLA TERRA INTORNO A SOLI LONTANI

Troppo caldo!

Troppo freddo!

Giusto!

ZONA ABITABILE

Potrebbero esserci infiniti luoghi adatti alla vita nascosti nella galassia, ma sarebbe sensato cercare un pianeta simile alla Terra. Poiché gli scienziati ritengono che l'acqua sia essenziale per la vita, concentrano la loro ricerca sui pianeti "Goldilocks", cioè quei pianeti "non troppo caldi, non troppo freddi, ma giusti" per avere acqua.

CACCIA AL PIANETA

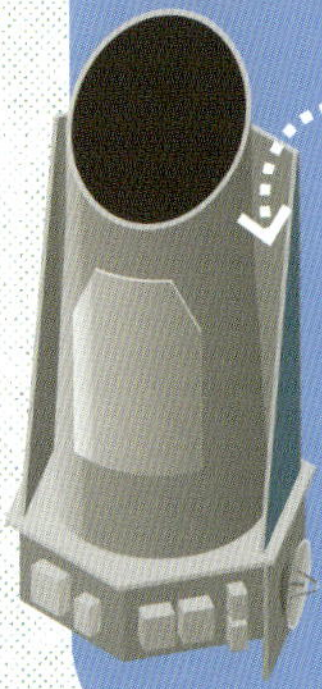

La sonda spaziale della NASA chiamata Kepler ha osservato le stelle lontane alla ricerca di un pianeta di questo tipo. Per farlo si è concentrata sull'individuazione dell'ombra proiettata dai pianeti che transitavano davanti alle loro stelle.

Kepler ha individuato circa 4.500 pianeti simili alla Terra.

LA FORMA DEI CRISTALLI RIPETE LA STRUTTURA DEI LORO ATOMI

Il cristallo più grande del mondo è lungo 11 m – la lunghezza di 58 matite in fila.

ORDINE DAL DISORDINE

I cristalli sono degli splendidi solidi naturali. Gli atomi che li compongono sono invisibili. Non è possibile, quindi, vedere la loro struttura. Tuttavia, ci sono dei piccoli indizi sulla loro superficie: le loro facce, le punte e gli angoli sono l'esatta proiezione della loro organizzazione interna.

A RAGGI X

Per vedere gli atomi dei cristalli, bisogna usare i raggi X, che rimbalzando su di essi, ne proiettano e ne rivelano la loro struttura nascosta.

I VIRUS SONO MOLTO PIÙ PICCOLI DEI BATTERI

I virus sono gli esseri viventi più piccoli.

Un'invasione di ladruncoli

I virus sono egoisti: si diffondono appropriandosi di cellule vive del corpo e trasformandole in vere e proprie fabbriche di virus. Le cellule, che ignorano i segnali di pericolo, continuano a riprodurre copie del loro invasore. In questi casi, per loro finisce male: ormai violate, muoiono, liberando nuovi virus che infettano altre cellule. Sono le infezioni virali a determinare le malattie. Il raffreddore, l'influenza, la varicella e il morbillo sono, infatti, disturbi causati dai virus.

Il corpo ha vari modi per combattere i virus.

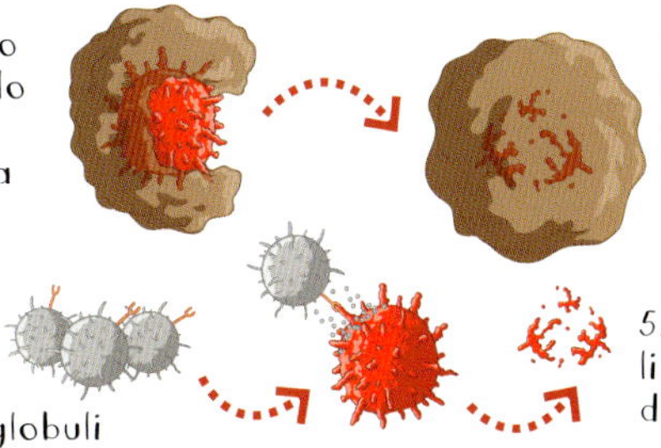

1. Un tipo di globulo bianco circonda i virus.
2. Li ingloba e cerca di distruggerli.
3. Altri globuli bianchi diventano anticorpi.
4. Gli anticorpi hanno il compito di individuare virus specifici.
5. Quando li trovano, li distruggono.

NESSUNO HA MAI VISTO UN PENSIERO

Gli scienziati sono solo all'inizio dei loro studi sui misteri del cervello.

LA LETTURA DEL PENSIERO

Nella storia, gli scienziati hanno potuto osservare solo i cervelli di persone decedute (o usare dei cervelli danneggiati per scoprire di cosa si occupasse ciascuna porzione cerebrale). Oggi, grazie alla tomografia e alla risonanza magnetica, si può guardare anche un cervello vivo in azione. Neanche le macchine più moderne, però, sono in grado di mostrare i nostri pensieri. La risonanza magnetica, per esempio, può tracciare l'attività cerebrale e rendere possibile la visione delle cellule cerebrali accese, ma senza leggere nella mente di nessuno.

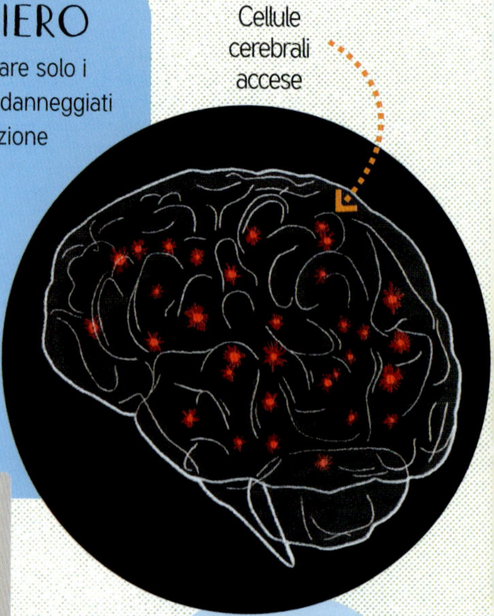

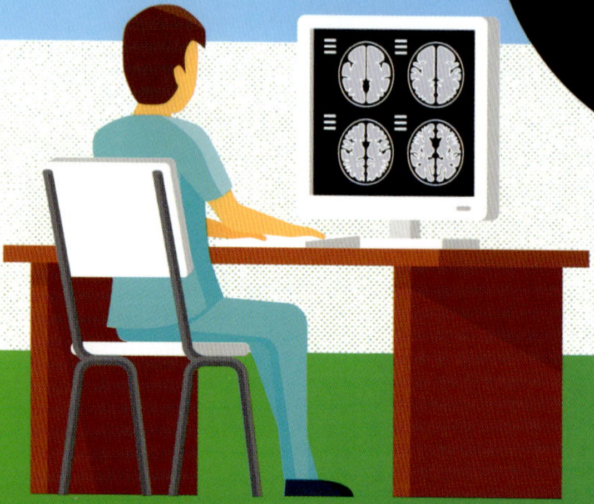

Il cervello umano ha una delle strutture più complesse dell'Universo.

L'INQUINAMENTO DELL'ARIA È UN KILLER INVISIBILE E MORTALE

Le tossine invisibili presenti nell'aria stanno avvelenando le città.

TRAFFICO TOSSICO

L'inquinamento dell'aria è costituito da gas tossici e da sottili, quasi invisibili particelle di fuliggine, polvere e prodotti chimici. Si tratta di gas esausti provenienti da traffico stradale, centrali elettriche, industrie, fuochi e spruzzi di prodotti chimici e vernici. A lungo andare, respirarli diventa pericoloso per la salute dei polmoni, e soprattuto per i bambini.

CITTÀ MALATE

Il diossido di azoto è un gas di colore marrone. Questo prodotto di scarto dovuto all'uso dei combustibili fossili causa difficoltà di respirazione. Proviene perlopiù da auto e camion.

Alcune città hanno vietato l'uso delle auto a gasolio perché causa di maggiore inquinamento.

È DIFFICILE SPIEGARE

COSA SIA L'ENERGIA...

Non puoi vederla. Non puoi afferrarla. Allora...

... CHE COS'È?

L'energia è ciò che fa sì che le cose accadano. Puoi osservarne gli effetti – il cibo permette alle persone di muoversi, per esempio. Più veloci sono le cose, maggiore è il loro impatto in caso di scontro con qualcos'altro. L'energia non esiste di per sé, ma è sempre veicolata da qualcosa.

L'energia non è altro che un'idea (molto) utile. Questa:

L'energia è la capacità di compiere un lavoro*.

Una delle leggi di base della fisica è che l'energia non può essere creata o distrutta.

*Il lavoro è lo spostamento di qualcosa e la sua azione contro una forza.

... MA POSSIAMO SPIEGARE PERCHÉ LA TUA STANZA È IN DISORDINE!

L'ENIGMA DELL'ENERGIA

L'Universo esiste solo a causa dell'energia, che può essere creata o distrutta... ma cosa gli è successo nel corso del tempo? La risposta è l'"entropia".

COS'È L'ENTROPIA?

Ci sono tanti tipi diversi di energia, ed essi si trasformano facilmente l'uno nell'altro. L'espansione dell'energia non si può fermare. Ecco perché il caffè si raffredda e gli odori si diffondono.

VIVA IL CAOS!

È lo stesso tipo di espansione che si è verificata nella tua stanza. Poiché ci sono molti più modi per metterla in disordine che per riordinarla, il disordine è una condizione più probabile. Rispondi quindi alla tua mamma: "C'è disordine, non è colpa mia, però, ma dell'entropia!"

INDICE

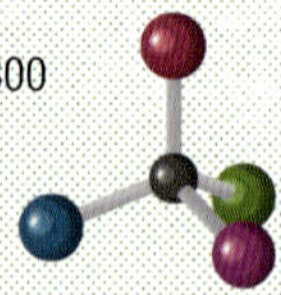